JN140044

MI-TO-TANE CHARACTER BOOK

実とタネ キャラクター図鑑

多田多恵子

個性派植物たちの知恵と工夫がよくわかる

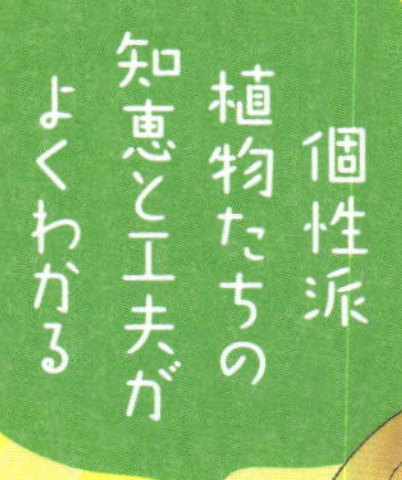

ENJU

誠文堂新光社

はじめに

植物は花を咲かせてタネをつくります。タネは植物がつくり出した究極の空間移動装置であり、小さなカプセルの中に、体の設計図である遺伝情報と、芽が育つためのお弁当が詰め込まれています。

でも、ひとたび根を下ろしたらもう動けません。もしタネが親植物の近くにとどまっていたならば、芽を出しても、土の養分や光、水などを巡って、親子や兄弟姉妹の間で争うことになってしまいます。より遠くへ、広範囲に散らばって、新しい場所で新しい世代を担うべく、植物たちは知恵と工夫を凝らし、タネの旅支度を整えて、送り出しているのです。

タネたちの旅の方法はさまざまです。銀色に輝く綿毛のパラシュートを広げて空を漂うのはタンポポやガガイモのタネ。カエデやボダイジュは精巧なプロペラを回転させ、ヘリコプターのように空を軽々と飛びます。また、タネたちは、よく見れば驚くほどきれいですが、それもそのはず。研ぎ澄まされた機能には美しさが伴うものなのです。

水流や雨粒の力を利用するものもあります。色鮮やかなラッピングやごちそうでタネをくるみ、鳥やけものの体内に入り込むものもいれば、鋭い忍び道具で人や動物にからみつき、ヒッチハイクするものもいます。珍しいところでは、アリやカマドウマを利用しているタネもいます。

でも、旅にリスクはつきものです。新しい場所で芽を出せるのは少数で、大半のタネは腐ったり食われたりして死んでしまいます。一方で、寒い冬をやり過ごしたり、チャンスが巡ってくるまで待ったりして、時間を超えて待つタネもいます。タネはタイムトラベルだってできるのです。

そんなタネたちは、じつにバラエティー豊かで、生きる知恵に溢れています。人に個性があるように、よく見ればタネにもそれぞれ個性があります。厳しさに耐え、工夫を凝らし、動物を利用したりだましたりと、あの手この手を使いながら、時空を超える旅の達人になったのです。

この本は、そんな旅するタネたちのユニークなプロフィールを、個性豊かなキャラクターとして紹介しています。いずれも身近に見られるタネたちで、つくりや生態をわかりやすく解説することに努めました。ところどころに科学コラムも設けています。楽しく読んでいただければ幸いです。

多田多恵子

本書の楽しみ方

本書には10のカテゴリーに分かれて
76種のキャラクターが登場します。
それぞれのキャラクターは以下のように紹介しています。

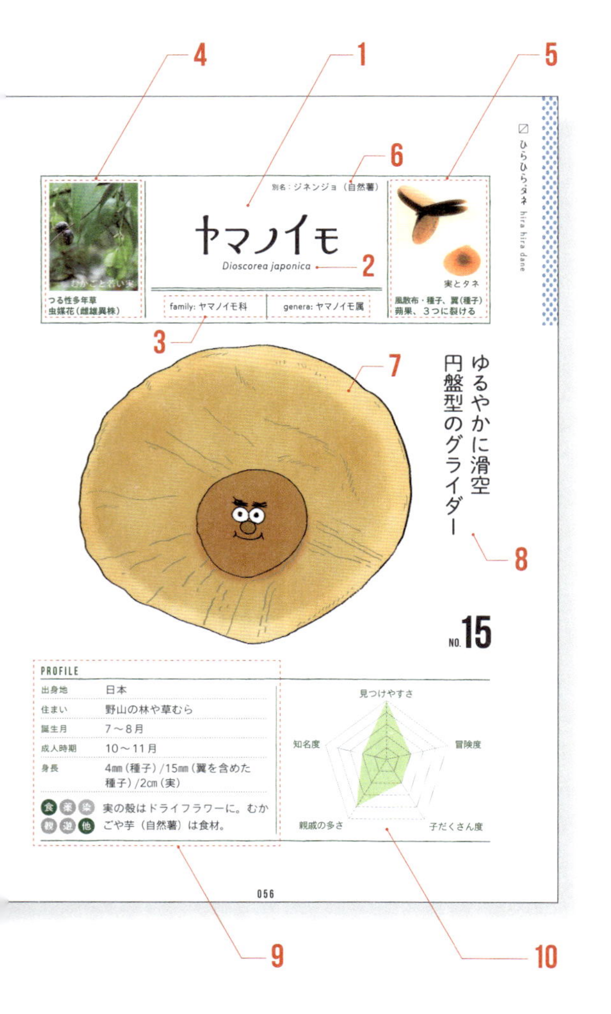

4
1
5
6
別名：ジネンジョ（自然薯）
ひらひらダネ hira hira dane
ヤマノイモ
Dioscorea japonica
2
実とタネ
つる性多年草
虫媒花（雌雄異株）
family: ヤマノイモ科
genera: ヤマノイモ属
風散布・種子、翼(種子)
蒴果、3つに裂ける
3
7
ゆるやかに滑空
円盤型のグライダー
8
NO.15
PROFILE
出身地 日本
住まい 野山の林や草むら
誕生月 7～8月
成人時期 10～11月
身長 4mm（種子）/15mm（翼を含めた種子）/2cm（実）
食 薬 染 観 遊 他
実の殻はドライフラワーに。むかごや芋（自然薯）は食材。
見つけやすさ
冒険度
子だくさん度
親戚の多さ
知名度
056
9
10

1 [実やタネの名前（標準和名）]
実やタネの名前を記載しています。

2 [学名]
学名は、基本的に米倉浩司・梶田忠（2003-）の『BG Plants 和名ー学名インデックス（YList)』を参考にしています。

3 [科名・属名]
科名・属名は、DNA 塩基配列に基づく「APG」体系という新分類体系に基づいて表記しました。

4 [情報 1]
花を中心に観察の手がかりになる写真と、植物の生活型や花のタイプなどを記載しています。

5 [情報 2]
タネを中心に観察の手がかりになる写真と、種子散布の方法や散布体、果実の種類や特徴を記載しています。

6 [別名]
別名のあるものは、一般的だと思われるものに限り記載しています。

7 [メインイラスト]
実とタネの形態的・生態的特徴をもとにキャラクター化しています。

8 [キャッチコピー]
キャラクターの特徴をシンプルにまとめて表しています。

9 [プロフィール]

キャラクターの特徴をデータとしてまとめ、記載しています。
※主に本州地域を基準に情報を記載していますが、場所や生育環境によって下記とは異なる場合もあります。

- 出身地→植物の原産地を表しています。
- 住まい→植物の生育環境、観察しやすい場所などを表しています。
- 誕生月→おおよその花の開花時期を表しています。
- 成人時期→タネが散布されるおおよその時期を表しています。
- 身長→実やタネの大きさを中心に紹介しています。一部、瘦果や果托などの専門的な器官を含んだ大きさも紹介しています。
- アイコン→実やタネを中心に、植物の利用法を紹介しています。食用・薬用・染料用・鑑賞用・遊び用・その他の６つに分け、当てはまるアイコンに色をつけています。

10 [パラメータ]

５段階でキャラクターの特徴を表しています。各項目が表している特徴は以下です。

- 見つけやすさ→目にしやすさ
- 知名度→一般的にタネの存在が知られている度合い
- 親戚の多さ→近縁種の多さ
- 子だくさん度→種子の数、多産性
- 冒険度→種子の散布距離

11 [サブイラスト]

キャラクターの特徴をはじめ、よく似た植物種、利用法など、さまざまなポイントをイラストと短い解説文で紹介しています。

12 [本文]

各キャラクターについて詳しく紹介しています。体の特徴や生態はもちろん、名前の由来、言い伝えなど、実とタネにまつわるおもしろいエピソードが満載です。

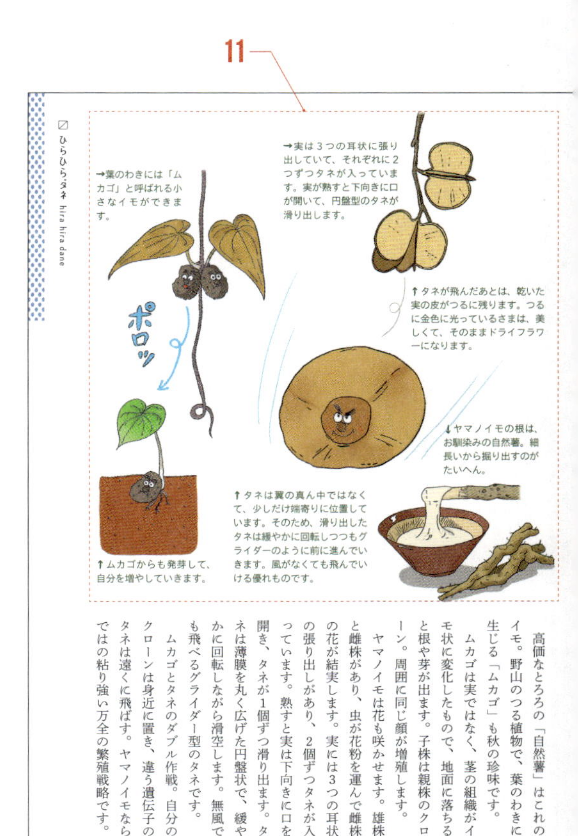

11
ひらひらダネ hira hira dane
→葉のわきには「ムカゴ」と呼ばれる小さなイモができます。
→実は３つの耳状に張り出していて、それぞれに２つずつタネが入っています。実が熟すと下向きに口が開いて、円盤型のタネが滑り出します。
ポロッ
↑タネが飛んだあとは、乾いた実の皮がつるに残ります。つるに金色に光っているさまは、美しくて、そのままドライフラワーになります。
↓ヤマノイモの根は、お馴染みの自然薯。細長いから掘り出すのがたいへん。
↑ムカゴからも発芽して、自分を増やしていきます。
↑タネは翼の真ん中ではなくて、少しだけ端寄りに位置しています。そのため、滑り出したタネは緩やかに回転しつつもグライダーのように前に進んでいきます。風がなくても飛んでいける優れものです。
高価なとろろの「自然薯」はこれのイモ。野山のつる植物で、葉のわきに生じる「ムカゴ」も秋の珍味です。
ムカゴは実ではなく、茎の組織がイモ状に変化したもので、地面に落ちると根や芽が出ます。子株は親株のクローン。周囲に同じ顔が増殖します。
ヤマノイモは花も咲かせます。雄株と雌株があり、虫が花粉を運んで雌株の花が結実します。実には3つの耳状の張り出しがあり、2個ずつタネが入っています。熟すと実は下向きに口を開き、タネが1個ずつ滑り出ます。タネは薄膜を丸く広げた円盤状で、緩やかに回転しながら滑空します。無風でも飛べるグライダー型のタネです。
ムカゴとタネのダブル作戦。自分のクローンは身近に置き、違う遺伝子のタネは遠くに飛ばす。ヤマノイモならではの粘り強い万全の繁殖戦略です。
057
12

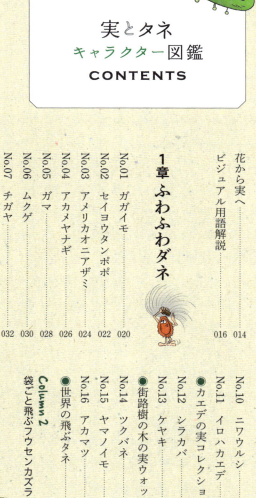

実とタネ キャラクター図鑑 CONTENTS

8章 やわらかいんダネ

9章 きれいダネ

10章 虫さんダネ

序章

実とタネはどうしてできる？

mi to tane wa doshite dekiru

　花は受粉、受精を経て実を結び、タネがつくられます。雌しべの子房が実に育ち、タネは子房に守られて成熟しますが、その過程にはさまざまなバリエーションがあり、でき上がりの形もさまざまです。こうしてできた実やタネは、親植物を離れ、新しい場所に移動したり、生育に適さない季節を飛び越えたりして、未来へと命をつなぎます。

実や種子の役割

植物は動けません。地面に根を下ろして葉を広げます。子どもの植物がその場を動かなければ、親子とか子同士で、水や光や栄養を争うことになります。親植物の近くだと病気や虫も移ってきやすくなります。だから植物は、かわいい子に旅をさせるのです。

植物は種子を作ります。種子には体の設計図、つまり遺伝情報（DNA）という秘密の暗号コードが託されています。母植物は種子に心づくしのお弁当（貯蔵栄養）を持たせて、旅に出します。この養分は種子が呼吸したり根や芽を伸ばしたりする際のエネルギーになります。

種子は、受粉・受精を経て両親から遺伝情報を受け継ぎますが、種子ごとに少しずつ異なっています。多様な性質の子が育つので、環境の変化にも対応でき、ウイルスや細菌、菌類などの恐ろしい病原体の変異にも対抗して、未来へと世代がつながります。

↑アリの力を借りるキケマン。

↓カタクリの芽生え。

種子には、親にはない特別な能力も備わっています。厳しい寒さや乾燥も、種子なら平気で乗り越えます。時に種子は、何十年に及ぶ長い年月を眠って飛び越えます。種子は時間旅行もできるのです。

種子は（裸子植物を除けば）、周囲をぐるっと実に包まれています。実の色や形はじつに個性豊かです。赤くて丸い実だったり、ドングリのように堅い殻の実だったり、厚いコルクの皮を着込んでいたり、カエデの実のように羽根をつけていたり、タンポポのようにパラシュートをつけていたりします。かと思うと、熟すと炸裂する時限爆弾のような実もあります。これらはみな、大事な種子を送り出すための旅支度です。こうして種子は実に助けられて、地面を離れ、新しい大地に移動します。

この本では、種子たちの旅を紹介します。植物によって、種子の色や形もさまざまです。じつは、実と種子の区別はかなり複雑で、種子に見えても実であったり、花から実への発育を観察しないと理解しづらい例も多いのです。本書では、わかりやすく伝えるために、一般に種子と見えるものは「タネ」と呼ぶことにします。

↓アカマツの芽生え。

実やタネの役割は
さまざまな手段で旅に出て、
新しい命をつなぐこと。

↑ボートで旅に出るアオギリ。

↑風に吹かれるチガヤの綿毛。

タネたちの旅の方法

動けない植物は、風や水、動物の力を借りてタネを運ばせます。
相手に合わせて、それぞれに工夫を凝らし、タネが運ばれやすいように
実やタネの形、性質を変化させています。

風を利用する（風散布）

プロペラもグライダーも、植物が先駆者。

◎極細の毛のパラシュートをつけたタネは、上昇気流に乗れば高く舞い上がります。タンポポやチガヤなど、日当たりのいい地面や風の吹く草原に生える草に多く、タネは小さめです。

◎シラカバやカエデのように、翼をもつタネはゆっくり落下し、風に吹かれて移動します。高木に多く見られます。

カントウタンポポ
のパラシュート

くるくる回る
イロハカエデ

ナガミヒナゲシ

◎冠毛や翼がなくても、小さければ風に乗れます。細かいタネは、風が強く吹く草地や崖地の草や低木に多く見られます。小さいと成長に不利ですが、明るい場所を選んで生え、発芽後すぐに光を浴びて自立します。畑や道端の雑草などは土に紛れたりしても移動します。成長を他人に頼るツツジ科やラン科などの菌根植物（菌類と共生する植物）やナンバンギセルなど寄生植物の種子は、さらに微細で、空気にふわふわ漂います。

水を利用する（水散布）

水の利用法もいろいろです。

◎雨粒の衝撃も、小さなタネにとっては爆弾です。「雨滴散布」は、小さな草に見られる方法で、フデリンドウやマツバボタンなど、土やコケの多い地面に生える植物に多く採用されています。

◎コルク質や空気室をもつタネは水に浮いて運ばれ、水辺の植物によく見られます。海流で散布されるココヤシやモダマなどのタネは大型です。水底に根を下ろすハスやヒシのタネは水に沈みます。

水に浮く
キショウブ

雨粒で弾かれるマツバボタン

自力で動く（自動散布）

小さな草や低木、つる植物に見られます。

スミレ

カタバミ

◎乾くと繊維が縮む力を利用する乾湿運動は、スミレやゲンノショウコなどに見られます。

◎細胞が水を吸ってふくれる圧力を利用する膨圧運動は、ホウセンカやカタバミに見られます。熟すと破裂してタネが飛び散ります。

動物や人にくっつく（付着散布）

ヌスビトハギ

オオオナモミ

いわゆる「ひっつきむし」。カギ針や逆さトゲ、粘液などで、動物や人にヒッチハイクして運ばれます。人や動物の身長未満の高さの草で、林の下や草むらや道端に生え、目立たない色をしています。

動物が運んで蓄える（貯食散布）

ミズナラ

トチノキ

リスやネズミ、一部の鳥は、ドングリやクルミなどのナッツを冬を前に貯蔵食糧として運んで埋めます。大半は食べられて失われますが、一部は食べ残されて芽を出します。

サンショウ

動物に食べられて運ばれる（被食散布、周食散布）

サルナシ

鳥や哺乳動物（まれに昆虫）が実を食べますが、タネは消化されずに糞の中に出てきます。苦みや弱い毒、タンパク質分解酵素などを含む実もあります。林の植物に多く、秋に多く見られます。
◎鳥を誘う実は一口サイズで、目立つ色で鳥を引き寄せます。
◎タヌキなど、哺乳類を誘う実は、香りと味覚で勝負します。

アリに運ばせる（アリ散布）

タネにごちそうをつけて、アリに運ばせる方法です。多くはタネの端に糖や脂肪酸を含む塊（エライオソーム）をつけてアリを誘います。スミレやカタクリなど、地面に近い小さな草に多く、晩春から夏にかけてよく見られます。

スミレ

カタクリ

イロハカエデ

ヘビイチゴ

リンゴ

花から実へ

花は何のために咲くのでしょう。実を結び、タネをつくる。それが花の目的です。

雌しべの花粉を受け取る部分が柱頭です。柱頭に花粉がつくことが受粉です。

受粉すると、花粉から細くて長い花粉管が伸びて、雌しべの花柱の中に入っていき、子房の中にある胚珠に達します。花粉管の中を精核（動物の精子に相当します）が移動し、胚珠に入って卵細胞と合体します。これが受精です。受精すると、胚珠は種子に育ち、子房は実（果実）に育ちます。

花の基本は、萼、花弁、雄しべ、

サネカズラ

花は、咲いたときから次の命のしたくをしています。

ナガミヒナゲシ

雌しべ。形やアレンジはさまざまで、花弁を欠く花や、雄しべか雌しべの片方だけの花（つまり雄花、雌花に分かれている花）もあります。雄しべと雌しべの両方を持つ花は両性花と呼ばれます。

花に雌しべは1つとは限りません。イチゴの仲間やサネカズラのように、1個の花に雌しべが複数ある花もあり、これらは複数の実が集まった形に成熟します。

花の形や色、大きさは、花粉の運び手と深く関わっています。風媒花は地味で目立たず、虫媒花や鳥媒花はきれいで目立ちます。ごく近い仲間でも、花粉の運び手が違うと、見た目の違う花になったりします。

さて、花をそっと、のぞいてみましょう。花の雌しべをよく見ると、将来の実の姿が見えてきます。カエデの両性花には、もう小さなプロペラができています。

でも、将来の実の姿は、必ずしも花の中に見えるとも限りません。メマツヨイグサやシランでは、一見、花の柄に見える部分が実に育ちます。これらは、花びらや萼の下側に子房がついている「子房下位」の花だからです。

バラやリンゴでは、子房はつぼ型の萼にすっぽり包まれたまま育ちます。リンゴの実で、私たちが食べているのは、萼が肉厚にふくらんだ部分であり、本来の子房は、「芯」と呼ばれる、薄いすじの内側の部分に相当します。イチゴの果肉は花床が育った部分です。

このように、花から実への育ち方はさまざまです。

ビジュアル用語解説

花のつくり

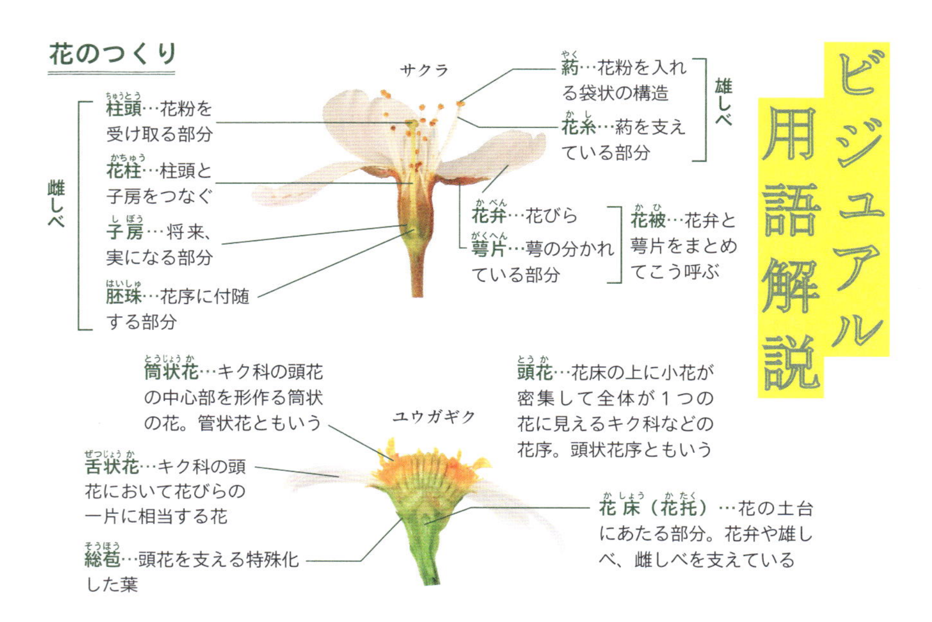

サクラ

雌しべ
- **柱頭**（ちゅうとう）…花粉を受け取る部分
- **花柱**（かちゅう）…柱頭と子房をつなぐ
- **子房**（しぼう）…将来、実になる部分
- **胚珠**（はいしゅ）…花序に付随する部分

雄しべ
- **葯**（やく）…花粉を入れる袋状の構造
- **花糸**（かし）…葯を支えている部分

花被（かひ）…花弁と萼片をまとめてこう呼ぶ
- **花弁**（かべん）…花びら
- **萼片**（がくへん）…萼の分かれている部分

ユウガギク

筒状花（とうじょうか）…キク科の頭花の中心部を形作る筒状の花。管状花ともいう

頭花（とうか）…花床の上に小花が密集して全体が１つの花に見えるキク科などの花序。頭状花序ともいう

舌状花（ぜつじょうか）…キク科の頭花において花びらの一片に相当する花

花床（花托）（かしょう（かたく））…花の土台にあたる部分。花弁や雄しべ、雌しべを支えている

総苞（そうほう）…頭花を支える特殊化した葉

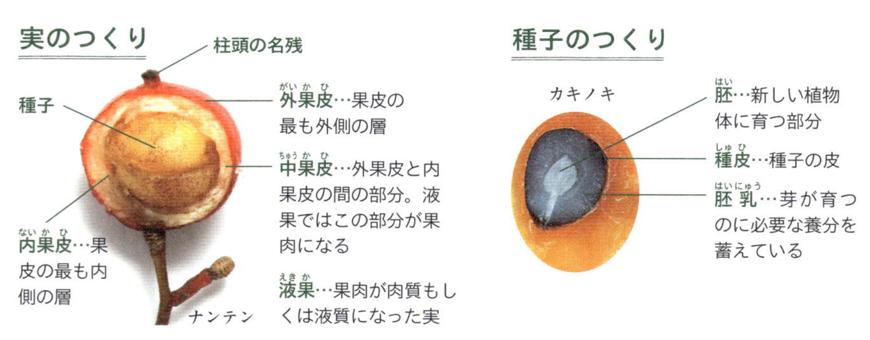

実のつくり

ナンテン

柱頭の名残

種子

外果皮（がいかひ）…果皮の最も外側の層

中果皮（ちゅうかひ）…外果皮と内果皮の間の部分。液果ではこの部分が果肉になる

内果皮（ないかひ）…果皮の最も内側の層

液果（えきか）…果肉が肉質もしくは液質になった実

種子のつくり

カキノキ

胚（はい）…新しい植物体に育つ部分

種皮（しゅひ）…種子の皮

胚乳（はいにゅう）…芽が育つのに必要な養分を蓄えている

核果（かくか）…液果のうち、中果皮が果肉となり、内果皮が種子を包んで厚く硬い核となったもの

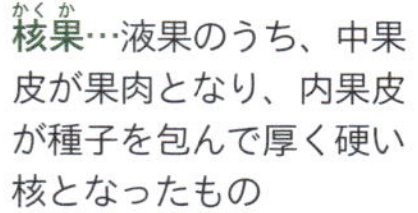

ハナミズキ

核

核（かく）…硬い内果皮に包まれた種子

種子の付属物

ムクゲ

種髪（しゅはつ）…種子に由来する毛

カタクリ

エライオソーム…種子の柄が変化したものでアリを誘う成分を含む

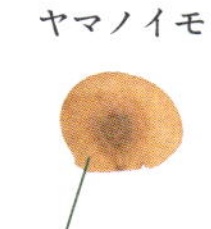

ヤマノイモ

種翼（しゅよく）…種子の一部に由来する翼

ニシキギ

種子

果皮

仮種皮（かしゅひ）…種子を包む親植物由来の肉質構造

実の付属物

堅果…果皮が木質化した硬い殻で種子を包んでいる実

殻斗…総苞が変化して堅果を包む部分

ミズナラ

翼果…果皮の一部が翼となった実

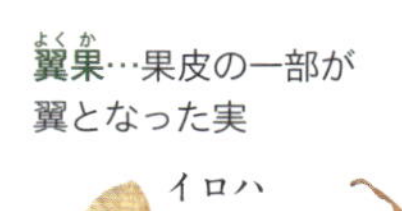

総苞…花序（果序）に付随する特殊化した葉

果序…実の集まり。花序に対応する用語

イロハ
カエデ
ニワウルシ
ボダイジュ

冠毛…キク科の実で萼片が変化した綿毛

痩果…薄くて硬い果皮の中に、種子が1つずつ入っている実

ツワブキ

いろいろな実とタネ

集合果…複数の実が集まって、1つの実のように見える集合体

1個の実
モミジバスズカケノキ

袋果…袋状の実。熟すと開いて種子が散る

ガガイモ

果苞…総苞が合着して実を包み込んだもの

オオオナモミ

分果…1つの花から生じた実が複数に分かれて育つもの

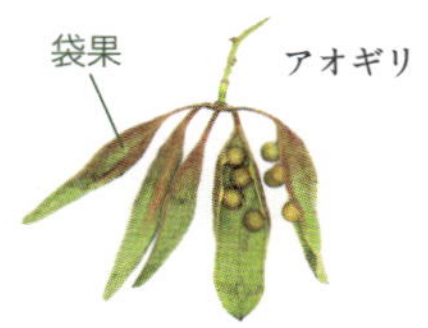
袋果
アオギリ

豆果…マメ科植物の実のさや

ヤブマメ

蓋果…上部がふたのように取れる実

オオバコ

果穂…複数の実が集まって、穂のようになったもの。集合果の一種

果鱗
翼果
シラカバ

蒴果…熟すと裂けて複数の種子を散らす実

スミレ

節果…節ごとに分かれる実

クサネム

頴果…イネ科の実のこと。痩果の一種で、葉が変形した数枚の「頴」に包まれている。

苞頴

芒…頴の先が伸びた針状の突起

小穂…イネ科植物の果序の単位

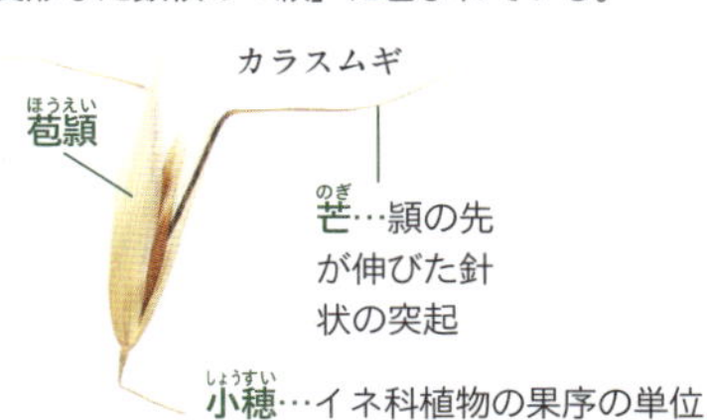
カラスムギ

そのほかの植物用語

1年草…種子が芽を出し、花を咲かせて再び種子をつけるまでを1年以内にすませて枯れる植物。

2年草…種子が芽を出し、花を咲かせて再び種子をつけるまでに1年以上、2年以内かかり、実を結ぶと枯れる植物。例：マツヨイグサ。

複葉…1枚の葉が複数の部分に分かれているもの。中軸の両側に小葉が並ぶものは羽状複葉（うじょうふくよう）。放射状につくものは掌状複葉（しょうじょうふくよう）という。

越年草（えつねんそう）…秋に芽を出し、春に花が咲いて実をつけ、種子を残して枯れる植物。冬1年草とも呼ぶ。

雄花…雄しべだけで雌しべがないか、雌しべはあっても退化していて実を結ばない花。

開放花（かいほうか）…p.108参照。

外来種…本来その土地に生息していなかった生物が人の手によって運ばれて広がったもの。帰化種とも呼ぶ。

雌雄異株（しゆういしゅ）…雄花と雌花が、それぞれ別の株に分かれてつく植物。

スプリングエフェメラル…春先のごく短い間に花を咲かせて種子を散らすと地上部が枯れ、翌年まで地下で休眠する多年草のこと。例：カタクリ。

腺体（せんたい）、腺毛（せんもう）…粘液や蜜を出す組織のこと。メナモミの総苞やノブキの実などに見られる。

多年草…何年も生きる草のこと。季節によって地上部が枯れて休眠するものと、一年中常緑のものがある。

閉鎖花（へいさか）…p.109、118参照。

苞（ほう）…花や実に付随して特殊化した葉。

雌花…雌しべだけで雄しべがないか、雄しべはあっても退化していて花粉をつくらない花。

葉鞘（ようしょう）…茎を包み込むように葉の基部が発達したもの。イネ科やタデ科などに見られる。

両性花…1つの花に雄しべと雌しべを備えている花のこと。

鱗状毛（りんじょうもう）…鱗（うろこ）状の毛。グミなどの実や葉の表面に見られ、光を反射してきらきらと輝く。

1
章

ふわふわダネ

fuwa fuwa dane

花は受粉、受精を経て実を結び、タネが作られます。雌しべの子房が実に育ち、タネは子房に守られて成熟しますが、その過程にはさまざまなバリエーションがあり、でき上がりの形もさまざまです。こうしてできた実やタネは、親植物を離れ、新しい場所に移動したり、生育に適さない季節を飛び越えたりして、未来へと命をつなぎます。

つる性多年草
虫媒花(雄株と雌株と両性株)

ガガイモ

Metaplexis japonica

family: キョウチクトウ科 | genera: ガガイモ属

風散布・種子、種髪
液果(ウリ果)、熟果は裂開

ふわふわ気ままに空中散歩

↑実は多くの場合、2個ずつ接して実ります。熟すと縦に裂け、ふわふわの毛をつけたタネが出てきます。

NO.01

PROFILE

出身地	日本
住まい	野原の草むら
誕生月	8～9月
成人時期	11～12月
身長	7㎜(種子)/6㎝(綿毛の直径) 10㎝(実)

食 薬 染 観 遊 他　実やタネは天然のオブジェ。昔は長い種髪の繊維を印肉に用いた。

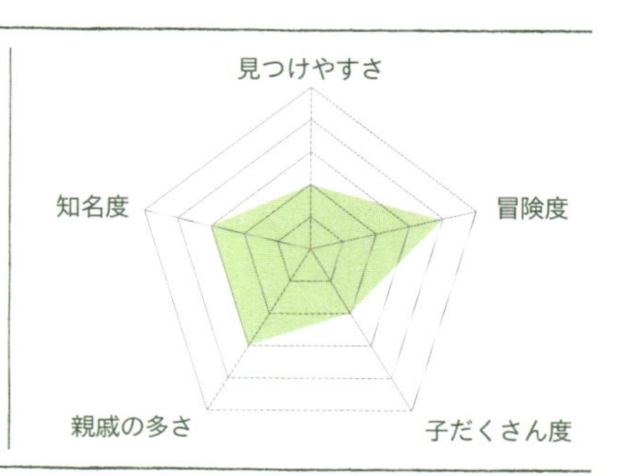
見つけやすさ
冒険度
子だくさん度
親戚の多さ
知名度

←ガガイモの綿毛はタネの付け根部分が変化したもので、「種髪」と呼ばれます。
翼
↑タネそのものは平べったい形をしています。
スクナビコナにぴったり！
→実は裂けると舟の形。神話では、スクナビコナはガガイモの舟に乗り、海の彼方から日本の国造りに駆けつけたと伝えられています。

里の野原の空を白く光りながら飛ぶタネは、捕まえると幸運が来るという謎の生物「ケセランパサラン」のイメージそのもの。日本の国造り神話では、この実の殻を舟にして神様が渡ってきたとも書かれています。

よく晴れた初冬のある日、紡錘型を した実が裂けて開くと、白銀の毛を空気と光でふくらませたタネたちが次々に旅立ちます。タネの毛はミクロン単位と極細なため、鳥の羽毛と同様に空気を含んでふわふわと空中に漂うのです。まるで無重力飛行物体！　風に乗れば何百メートルも飛べるでしょう。

ガガイモは野原の雑草で、名に反してイモはできず食用にもなりません。夏にかわいい花を咲かせますが、この花は虫の体にクリップで花粉をくっつけて運ばせるという強引な荒ワザによって実を結びます。

セイヨウタンポポ

Taraxacum officinale

多年草（帰化）
単為生殖（三倍体種）

family: キク科　genera: タンポポ属

風散布・果実、冠毛
痩果、球形の果序

フッ

パラシュート部隊のクローン上陸作戦

→花の雌しべの細胞は、受粉・受精を経ずにいきなりタネに育ちます。まるで孫悟空の分身の術のようなクローンのタネたちです。

NO.02

PROFILE

出身地	ヨーロッパ
住まい	道端や空き地、公園の芝生
誕生月	3～9月
成人時期	4～11月
身長	3.5㎜（痩果） 1.7㎝（綿毛を含めた痩果）

食 薬 染
観 遊 他

綿帽子を摘み、吹いて遊ぶ。花や葉は食用。根はコーヒーの代用。

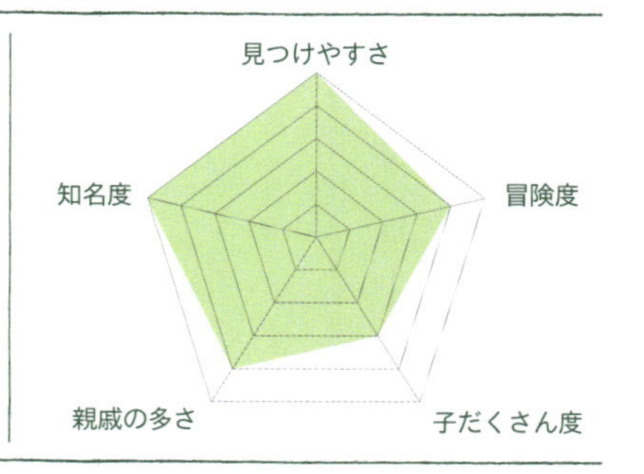
見つけやすさ
冒険度
子だくさん度
親戚の多さ
知名度

↓昆虫に花粉を運んでもらわないと受粉できません。
→総苞の先が反り返りません。
在来種のタンポポ
↓単独でクローンのタネをつくります。
昆虫に頼らなくても全然平気♪
←総苞の先が反り返っています。
セイヨウタンポポ
→花後、茎は一度倒れてから立ち上がります。倒れることで踏みつけや動物の食害を防ぎ、立ち上がってタネを飛ばします。

まん丸の綿帽子から、風に吹かれて白銀のパラシュート部隊が飛び立ちます。

セイヨウタンポポの故郷はヨーロッパ。日本へは明治時代に侵入しました。日本在来種のタンポポに似ていますが、萼（がく）のようにも見える総苞（そうほう）が反り返っている点で見分けられます。

日本全域に広がった成功のカギは「単為生殖（たんいせいしょく）」。受精しなくてもタネが育ち、遺伝的に同一のクローン軍団が誕生します。花粉を運ぶ虫も結婚相手も必要なし。空き地に降りた1粒のタネが何万株にも増えます。

タネを飛ばす工夫も。花が終わると花茎は一度地面に倒れて、若い実を守ります。そしてタネが熟すと再び立ち上がり、高く掲げた綿帽子から、クローン軍団のパラシュート部隊が風に乗って旅立ちます。

多年草（帰化）
虫媒花

アメリカオニアザミ

Cirsium vulgare

family: キク科 | genera: アザミ属

風散布・果実、冠毛
痩果、半球形の果序

トゲの武装 綿毛の侵略

キラーン
いてっ!!

→葉のとげが、鬼のように、とにかく痛い！

NO.03

PROFILE

出身地	ヨーロッパ（日本に帰化）
住まい	道端や空き地
誕生月	5～10月
成人時期	5～11月
身長	4㎜（痩果） 3㎝（綿毛の直径）

食 薬 染 観 遊 他

ふわふわの綿毛をケサランパサランに見立てて遊ぶ。

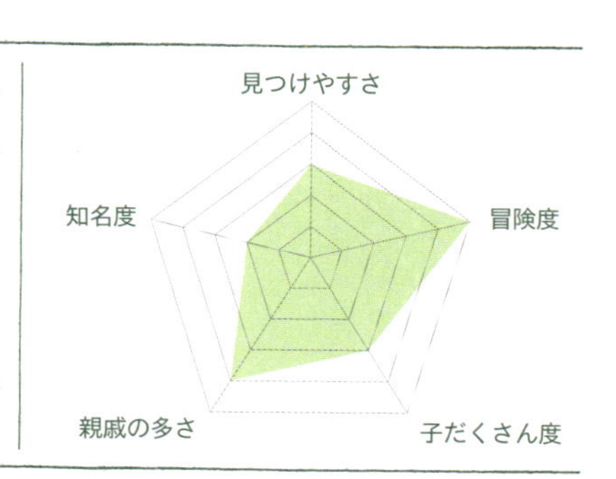

見つけやすさ
冒険度
子だくさん度
親戚の多さ
知名度

綿毛は、わたあめみたい！
→冠毛には鳥の羽根のような側枝があって、絡むと、なかなか外れません。
↑タネが落ちた後の綿毛は、軽くてふわふわ漂います。

アザミの葉のトゲは鋭く、触れると痛い思いをします。日本にはノアザミなど種類が多数ありますが、最近はトゲが多くて猛烈に鋭いこの外来種のアザミが全国各地で急増中。

何しろトゲが痛すぎて駆除もままならず、しかもタネは軽くてよく飛ぶので、あっという間に広がります。スコットランドで国花とされる理由も、この花のトゲが攻め込んできた敵軍から国を守ったためとか。そのトゲで攻め込んで、アメリカに次いで日本の地も占領しようとしています。

同じキク科のタンポポと違って、アザミの実には柄がなく、根元から四方八方に綿毛が広がるので、熟すとわたあめのようになります。今にもこぼれそうなのにこぼれ落ちないのは、毛の1本1本に鳥の羽根状の側枝があって互いに絡んでいるからです。

花

落葉広葉樹
虫媒花（雌雄異株）

別名：マルバヤナギ

アカメヤナギ

Salix chaenomeloides

family: ヤナギ科 | genera: ヤナギ属

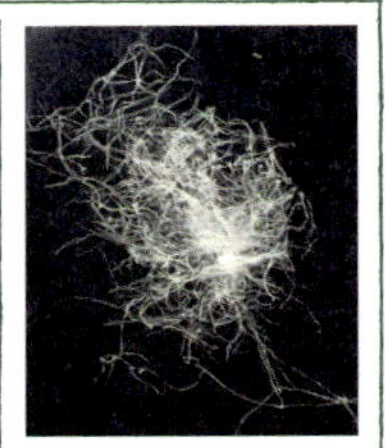

風散布・種子、種髪
蒴果、尾状の果序

ふわふわ漂うはかない命

→タネの大きさは1㎜ちょっと。モジャモジャの綿毛に覆われています。

NO. 04

PROFILE

出身地	日本
住まい	野山の水辺
誕生月	3月
成人時期	5月
身長	1㎜（種子） 1㎝（綿毛の直径）

食 薬 染 観 遊 他

白く飛ぶ柳絮は仲春の季語。花は地味だが、赤い新芽がきれい。

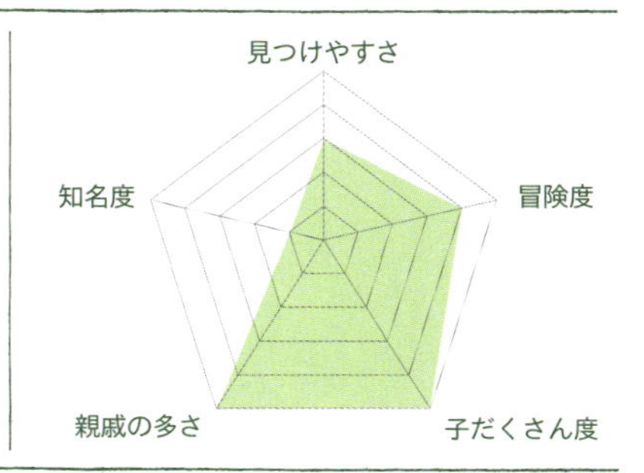
見つけやすさ
冒険度
子だくさん度
親戚の多さ
知名度

ふわ…

↓タネが熟すと穂は、こんなふうにふわふわに。

→この中にタネがあります。

アカメヤナギ
シダレヤナギ

↑ヤナギというとシダレヤナギが思い浮かびますが、アカメヤナギは枝をたらしません。ポプラもヤナギの仲間です。

ホッ

↑水気が十分にある場所に落ちたら命がつながります。

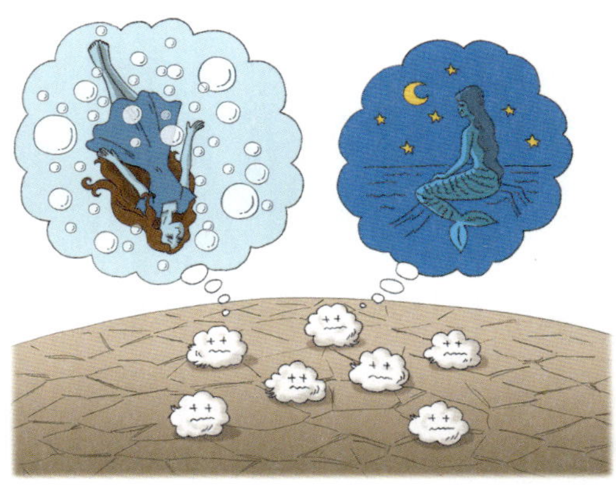

→乾いた土地に落ちてしまったタネは、泡と消えた人魚姫と同じ運命をたどります。

水辺にはヤナギの仲間がよく生えています。中国から来たシダレヤナギは日本では雄株だけで結実しませんが、野生のヤナギの雌株は結実し、タネは旅立ちの時を待ちます。

初夏のよく晴れた日、包んでいた実の皮が破けると、ヤナギのタネは白い綿毛にくるまれてふわふわと空に漂います。この綿毛を「柳絮（りゅうじょ）」と呼びます。タネ自体はごく微細で短命です。舞い降りた場所が生育に適した湿った地面だったなら、タネは翌日には根を出して育ちます。でも、それはまれな幸運で、ほとんどのタネは乾いたり腐ったりして短い一生を終えます。

やがて、ヤナギが生えている水辺の地面や水面は、無数の柳絮で雪が積もったように真っ白になります。王子様を見つけられなかった人魚たちの泡と消えたはかない命の名残です。

水生多年草
風媒花（雄花と雌花）

ガマ

Typha latifolia

family: ガマ科　genera: ガマ属

風散布・果実、基毛
痩果、円柱状の果序

水辺のマジック ソーセージの変身

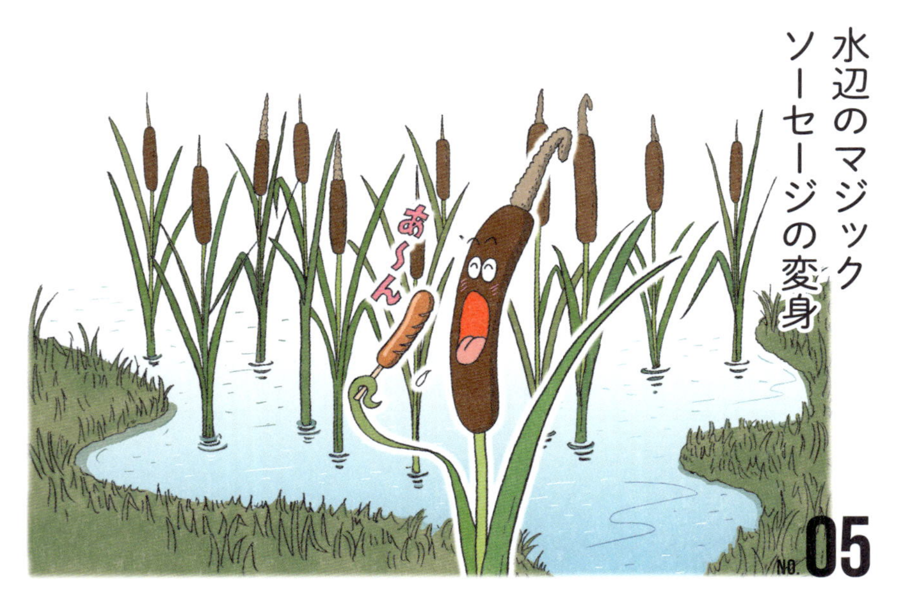
あ〜ん

NO.05

PROFILE

出身地	日本
住まい	野山の水辺や湿地
誕生月	6〜7月
成人時期	11〜1月
身長	1.5㎜（痩果）/1㎝（綿毛を含めた痩果）/15〜20㎝（果穂）

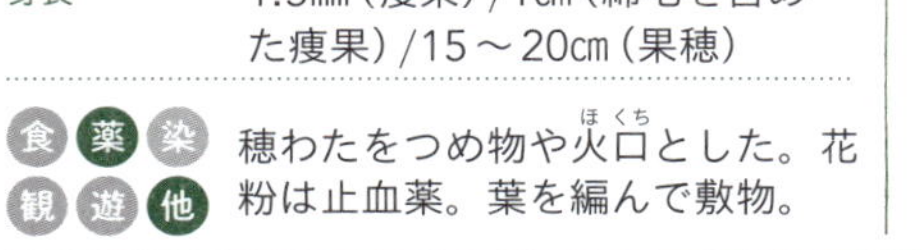
食 薬 染
観 遊 他

穂わたをつめ物や火口（ほくち）とした。花粉は止血薬。葉を編んで敷物。

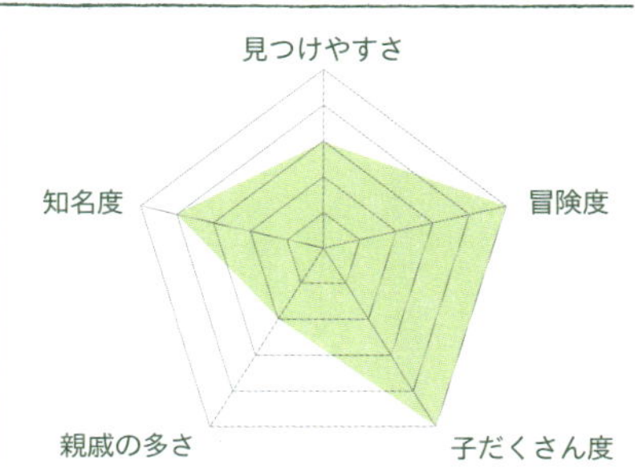
見つけやすさ
冒険度
子だくさん度
親戚の多さ
知名度

↓穂の上の突起は雄花がついていた名残です。
ブワッ
チョン
←綿毛は水鳥の体にくっついて遠くまで運ばれることもあります。
ドッ

↑昔はガマの綿毛をふとんに利用しました。漢字で「蒲団」と書くこともありますが、「蒲」はガマの穂のことです。

↑熟した穂を指でつつくと、綿毛がブワッと溢れ出ます。ギュウギュウの満員電車のように詰まっていたのです。

自然界には意外なそっくりさんがいるものです。水辺で生活するガマの穂は、どう見ても串刺しにしたソーセージにそっくりです。でも残念、これは食べられません。

ガマの穂は無数のタネの集合体。じつに約20万個ものタネが軸に行儀よく並んでついています。後にパラシュートになる綿毛も、タネが未熟なうちは湿った状態で折り畳まれています。

熟すのは初冬。そのころの穂を指でつつくと、ボワワワ……。ソーセージは一瞬で綿あめに変身し、とても楽しく遊べます。衝撃で穂が緩むと、綿毛が次々と空気を含んで広がり、穂全体がわたあめのようになるのです。

北風に乗って穂は綿あめになり、無数のタネがパラシュートを広げて旅立ちます。まるで満員電車から降り立った乗客たちのように。

落葉広葉樹（園芸）
虫媒花

ムクゲ

Hibiscus syriacus

family: アオイ科

genera: フヨウ属

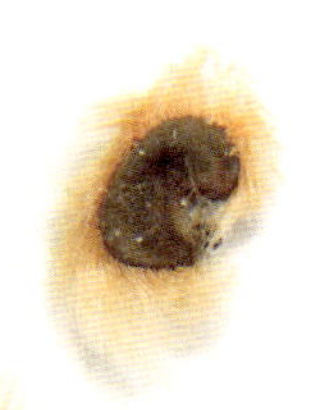

風散布・種子、種髪
蒴果、上部が５裂する

モヒカン野郎のノリノリ飛行

GAGA

→ムクゲのタネはモヒカンロックンロール野郎。でもこのモヒカンにはもちろん意味があるんです。

NO.06

PROFILE

出身地	中国
住まい	庭や公園
誕生月	6～7月
成人時期	11～1月
身長	5㎜（種子）/1㎝（種髪を含めた種子）/2㎝（実）

食 薬 染 観 遊 他

花を観賞する。つぼみ、若い実、樹皮は薬用。

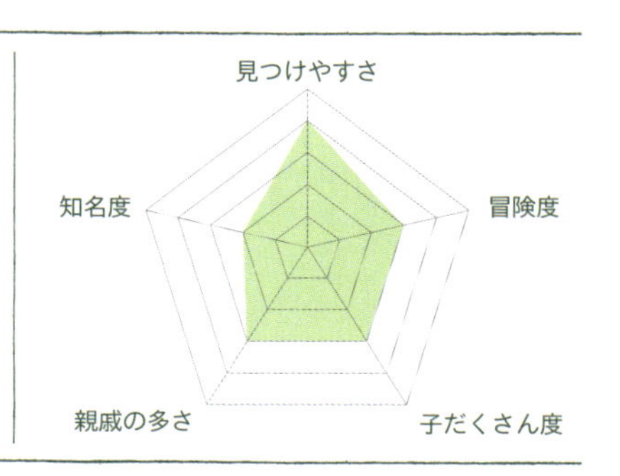
見つけやすさ
冒険度
子だくさん度
親戚の多さ
知名度

フヨウ
↑こちらはパンクヘアーです。
↑タネの大きさは約2㎜。直毛の毛が生えていて、風に乗って飛びます。
↑ムクゲの花。お隣の国、韓国の国花です。
↙実は、すっかり熟すと茶色くなって口を開きます。中からこぼれ出るのはモヒカンヘアーの勾玉みたいなタネ。
→ 大きさは意外と小さくて、タネ本体で約4㎜。長めのモヒカンヘアーで風に乗ります。
↑ちょっと毛虫みたいにも見えます。

ハイビスカスと同属の園芸植物で、夏の暑い時期に華麗な花を咲かせます。花の後には卵形の実ができ、秋に上部が5つに裂けると、わらわらわら……。湧いて出たのは、キャー、毛虫!?

タネは長さ4㎜ほど。勾玉（まがたま）を圧し潰したような形で、縁に金色の硬い毛が一列に並んで生えています。よくよく見たら、金髪のモヒカンヘアーとかライオンの横顔に見えてきました！

てんこ盛りのタネは、少しずつ風に飛び立ちます。毛は硬く丈夫で、春までヘアースタイルは保たれます。きっと長く少しずつ飛ばしたいから、毛をハードにセットしているんですね。

仲間のフヨウの実は太めの大きな卵形で毛むくじゃら。タネは厚みのある短い勾玉の形で、背面全体に金髪の直毛がツンツン生えたパンク風。ムクゲより軽くて風によく飛びそうです。

多年草
風媒花

チガヤ

Imperata cylindrica

family: イネ科 | genera: チガヤ属

風散布・果実、基毛
穎果、尾状の果序

白銀に光るふわふわ綿毛

↑里の野原や道端に生え、埋め立て地にしばしば群生します。

NO.07

PROFILE

出身地	日本
住まい	野原や空き地
誕生月	4月
成人時期	6月
身長	4㎜（穎果） 10～20㎝（果穂）

食 薬 染 観 遊 他

噛むと甘い若い穂は昔の人のチューインガム。穂わたは火口（ほくち）に。

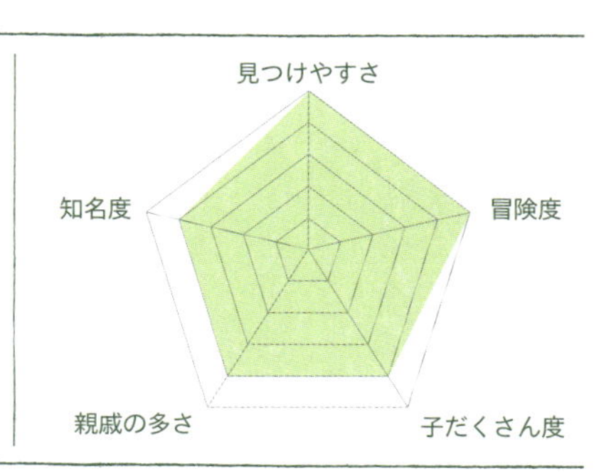

見つけやすさ
冒険度
子だくさん度
親戚の多さ
知名度

↓綿毛は実の根元から生えていて、風にふわりと乗ります。

↑綿毛を出す前の若い穂は、ほんのりと甘い味。

↑ふんわりとした穂は、手ざわりのよいマフラーみたい。

エノコログサ

←同じイネ科の植物ですが、こちらの穂の毛は花序の枝に相当する刺毛。風には乗らずに、地面に落ちます。

→綿毛は、昔はたき木に火をつけるときの火口になりました。

風になびく白銀の穂はキツネの尾のようにふんわりし、子猫の毛のように柔らかです。初夏に熟すと穂は風にちぎれ、綿毛の実がふわふわと飛びます。

昔から人に身近な植物で、漢字は「茅」。若い穂は「茅花（つばな）」と呼ばれ、万葉集や枕草子にも出てきます。サトウキビに近縁で、まだ葉鞘（ようしょう）に包まれた若い穂を抜いて噛むとほのかな甘さがあり、昔の子どもはガム代わりに噛んで楽しみました。ほうけた綿毛は火口（ほくち）に使われました。

チガヤやススキなどイネ科植物の綿毛は、実（小穂（しょうすい））の基部に生えている「基毛（きもう）」です。毛は花を守る役割も果たし、雄しべや雌しべは綿毛の間から顔を出して風で花粉を授受します。

ちなみに、猫じゃらし（エノコログサ）の穂の毛は花序の枝に相当し、実（小穂）に毛はありません。

Column 1

綿毛の素材はすぐれもの

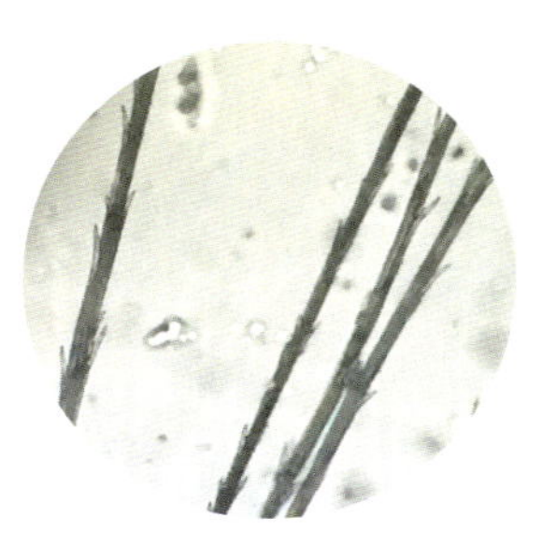

▶タンポポの綿毛の顕微鏡写真。多数の細胞に由来し、途中に小さな分岐がたくさんあります。

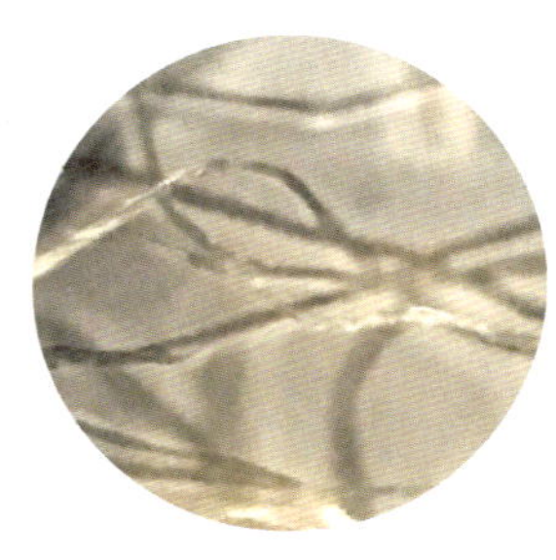

◀ワタの繊維の顕微鏡写真。加工段階でつぶれていますが、もとは中空でとても長くできています。

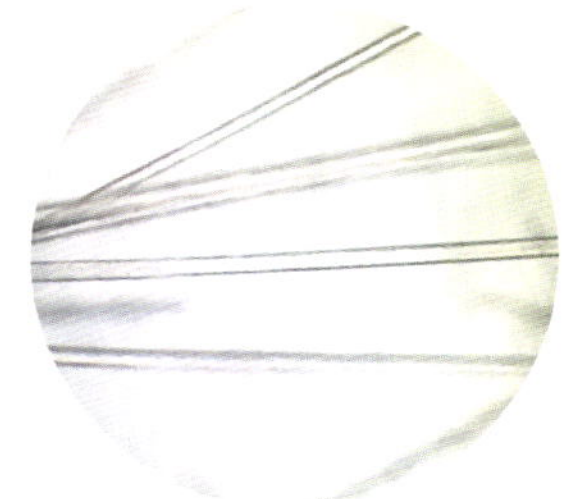

◀ガガイモの種髪の顕微鏡写真。もともと1つの細胞から成り、中空です。

綿毛と一口に言っても由来はいろいろです。ガガイモ（20頁）の毛はタネの一部が変化したもので、生物学的には種髪（しゅはつ）と呼ばれます。種髪は1個の細胞からなりますが、中身はすでになく、細胞壁だけが残って長さ3㎝もある中空の管になっています。顕微鏡で見ると、直径15～25㎛。1㎜の約50分の1と極細です。この細さだと空気が粘るようにしてまとわりつくため、空に浮くほどの浮力を得ます。近年は中空の化学繊維が開発されて注目されていますが、植物たちはとうの昔に先端素材を開発していたのです。

一方、チガヤ（32頁）の毛は、実の基部、つまり親植物の一部から生じた「基毛（きもう）」です。ガガイモと同様に細く軽く、タネを軽々と運びます。

タンポポ（22頁）の毛は萼片（がくへん）が変化した「冠毛（かんもう）」です。萼という組織の変形なので、顕微鏡で見ると、10本ほどの中空の毛が集まって1本の冠毛になり、途中でささくれ状に枝を分けています（アザミ〈24頁〉では枝が伸びて鳥の羽毛状になります）。この毛の直径は、根元で約30㎛、先の方で約20㎛。

▲チガヤの穂綿。

▲ヒメガマの穂綿。

▲キワタは熱帯アジア原産で樹高 20m。手芸では「パンヤ」として知られています。左上は熟れる前の実。

▲木綿（もめん）の原料となるワタの実。割れた実は「コットンボール」と呼ばれます。

▲ガガイモの穂綿。

太さはガガイモとほぼ同じですが、多数の細胞からなるため、細胞壁の部分が多くて空洞が小さく、軽さはガガイモに劣ります。

木綿（もめん）の繊維はワタという草の実で作られます。タネを包む毛は非常に長く中空で、顕微鏡で覗くと、ガガイモよりやや細め。古くなるとつぶれますが、それでも切れたりしません。繊維として丈夫で長持ちする性質があるのです。熱帯アジアではキワタという高い木になる実も利用されます。熟すと果皮がはがれてふわふわになり、綿に包まれたタネが風で散布されます。この綿はパンヤと呼ばれてクッション材などに使われています。

昔の人々は、身近な草花の綿毛も利用していました。ガガイモはかつて草綿と呼ばれ、綿の代用として針刺しや朱肉に使われました。ふわふわしたガマ（28頁）やヒメガマの穂も、昔の人は詰め物や布団綿に使いました。ただしガマのタネは先がとがっているので、羽毛のダウンと同じように、昔の粗い布では繊維のすき間から外に飛び出しやすく、同時に目を痛める原因にもなったそうです。

綿毛ギャラリー

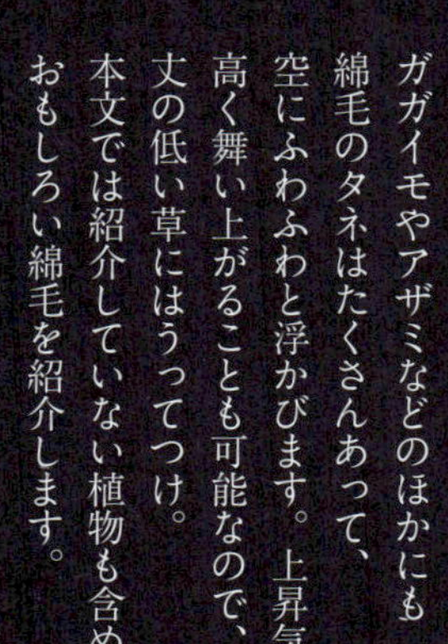

ガガイモやアザミなどのほかにも綿毛のタネはたくさんあって、空にふわふわと浮かびます。上昇気流に乗れば高く舞い上がることも可能なので、丈の低い草にはうってつけ。本文では紹介していない植物も含めて、おもしろい綿毛を紹介します。

センニンソウ
キンポウゲ科
ボタンヅルと近い仲間です。しっぽはさらに長くて、約3cm。くるりと巻きます。

ボタンヅル
キンポウゲ科
しっぽのような突起に、綿毛が密生しています。

テイカカズラ
キョウチクトウ科
細長いタネは長さ1.5～2.5cm。毛を広げた径は5cmを超えます。

カントウタンポポ
キク科
長い柄の先に綿毛が広がるパラソル型です。

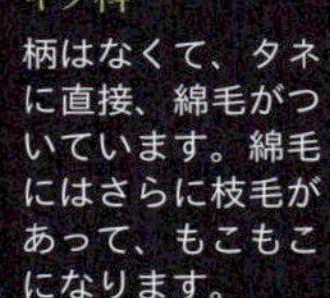

ノアザミ
キク科
柄はなくて、タネに直接、綿毛がついています。綿毛にはさらに枝毛があって、もこもこになります。

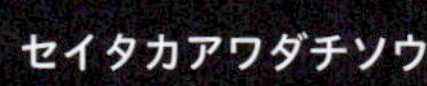

セイタカアワダチソウ
キク科
タネに直接、綿毛がついています。軽くて丈夫。

ノギ

ススキ
イネ科
イネ科植物の多くに共通するノギという突起があります。

2章

ひらひらダネ

hira hira dane

薄い翼を広げ、くるくる回ったりひらひら舞ったりしてゆっくりと舞い降りれば、その間に風に乗って水平方向にも移動できます。落葉樹が多くて強い季節風の吹く日本では、秋はこうしたタネたちの旅の適期です。

落葉広葉樹（植栽）
虫媒花

ボダイジュ

Tilia miqueliana

family: シナノキ科 | genera: シナノキ属

風散布・果序、翼（総苞）
瘦果、総苞につく果序

→総苞が変化して翼となり、ゆっくりと回転しながら空を舞います。

BDJより管制へ!!
着陸地点へ誘導せよ!!
どうぞ!!

タネを吊るしたヘリコプター

NO.08

PROFILE

出身地	中国
住まい	公園や寺院
誕生月	6月
成人時期	9～11月
身長	8㎜（瘦果） 10㎝（翼を含めた果序）

実は天然のオブジェ、数珠に加工。
インドボダイジュの代用で寺に植栽。

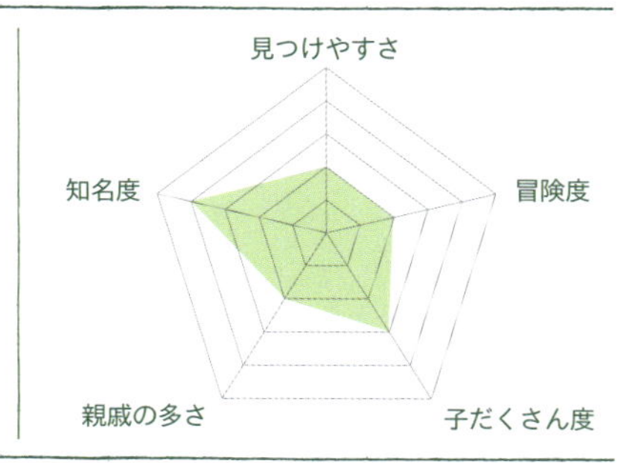
見つけやすさ
冒険度
子だくさん度
親戚の多さ
知名度

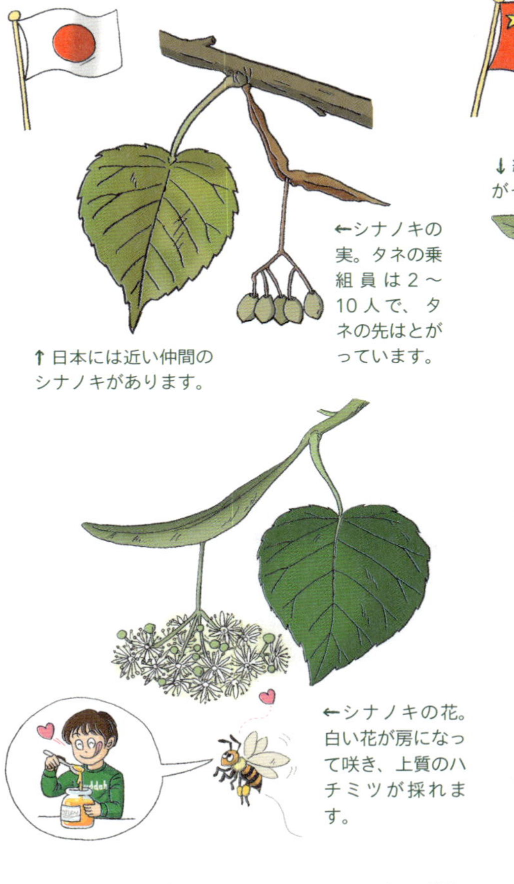
←シナノキの実。タネの乗組員は2～10人で、タネの先はとがっています。
↑日本には近い仲間のシナノキがあります。
←シナノキの花。白い花が房になって咲き、上質のハチミツが採れます。

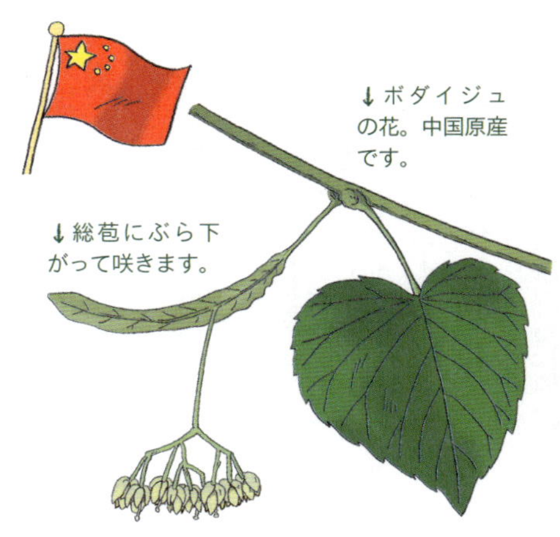
↓ボダイジュの花。中国原産です。
↓総苞にぶら下がって咲きます。

↓ボダイジュはお釈迦様にまつわる木としてよくお寺に植えられています。

ゴ～ン

まるで鳥人間コンテストのように多種多彩な風散布種子の中でも、ボダイジュとその仲間が開発した飛行装置はじつにユニークかつ優秀です。大きな翼を頭上に広げ、数名の乗組員クルーを一度に輸送する大型飛行船を作ったのです。枝を離れた飛行船は、低速で回りながら風に乗って飛びます。

まるで葉の中心から枝が伸びているかのようですが、このへら状の葉は総苞(そうほう)、つまり花序(かじょ)のお伴をする特殊化した葉で、その途中まで花序の枝が癒着しているというわけです。多数咲く花の中から、1～3個の花が実になり、その頃には硬く乾いてやや弓なりに反った総苞の翼に、束になって丸顔の乗組員たちがぶら下がります。

日本の野山では、仲間のシナノキがよく似た花や実をつけますが、ヘリコプターの定員は2～10人と多めです。

落葉広葉樹
虫媒花（雄花と雌花）

アオギリ

Firmiana simplex

family: アオイ科　genera: アオギリ属

風散布・果実、翼（果皮）
袋果、5つに分かれる分果

くるくる回るよ 乗り合いボート

→タネはシワだらけです。

NO.09

PROFILE

出身地	日本・東南アジア
住まい	公園や街路
誕生月	7月
成人時期	9～10月
身長	7㎜（種子） 6～10㎝（翼果）

食
薬
染
観
遊
他

タネを炒ってコーヒーの代用とする。
実は天然のオブジェ、投げて遊ぶ。

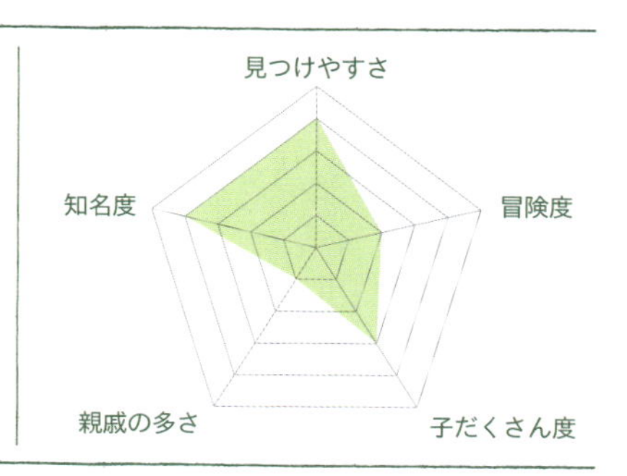
見つけやすさ
冒険度
子だくさん度
親戚の多さ
知名度

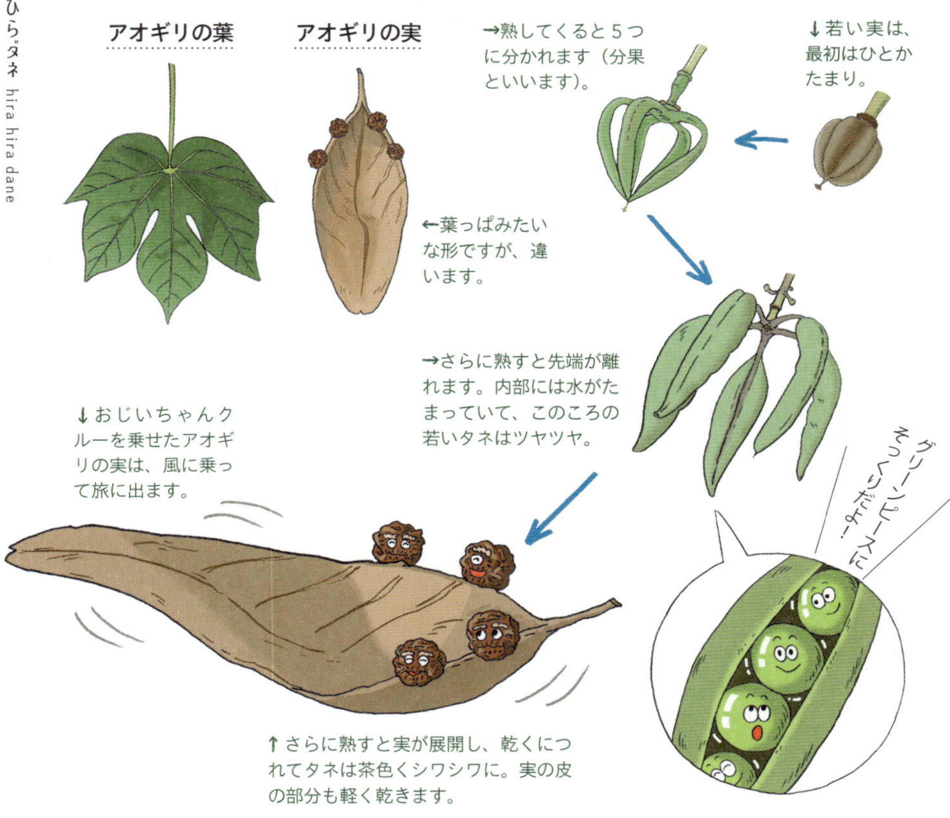
アオギリの葉
アオギリの実
←葉っぱみたいな形ですが、違います。
↓若い実は、最初はひとかたまり。
→熟してくると5つに分かれます（分果といいます）。
→さらに熟すと先端が離れます。内部には水がたまっていて、このころの若いタネはツヤツヤ。
グリーンピースにそっくりだよ！
↓おじいちゃんクルーを乗せたアオギリの実は、風に乗って旅に出ます。
↑さらに熟すと実が展開し、乾くにつれてタネは茶色くシワシワに。実の皮の部分も軽く乾きます。

その名の通りに緑色をした幹と、天狗のうちわを思わせる大きな葉。独特の風貌でアピールするアオギリは「日本最大の飛ぶタネ」です。

実が熟すのは秋。長さ最大10㎝にもなるボート形の実で、船尾に近い舷側にはシワだらけの顔をした乗組員が2～4人乗り組んでいます。投げ上げると、くるくるくる……。船底を下に、回転しながら落ちてきます。

不思議なボートの製造は、7月の花に始まります。枝先の花序には多数の雄花と雌花。雌花は実を結ぶとすぐ5つに分かれ、5個の細長い袋状の実（袋果）が垂れ下がります。袋の内部には水がたまり、タネは水中で育つため、後に表面がシワになります。袋が裂けて開くと、いよいよボートの誕生です。秋にボートは軽く乾き、シワシワのタネを乗せて旅立ちます。

雄花

落葉広葉樹（植栽・帰化）
虫媒花（雌雄異株）

別名：シンジュ（神樹）

ニワウルシ

Ailanthus altissima

family: ニガキ科　genera: ニガウルシ属

風散布・果実、翼（果実）
翼果、5つに分かれる分果

回転にひねりも加えてウルトラC！

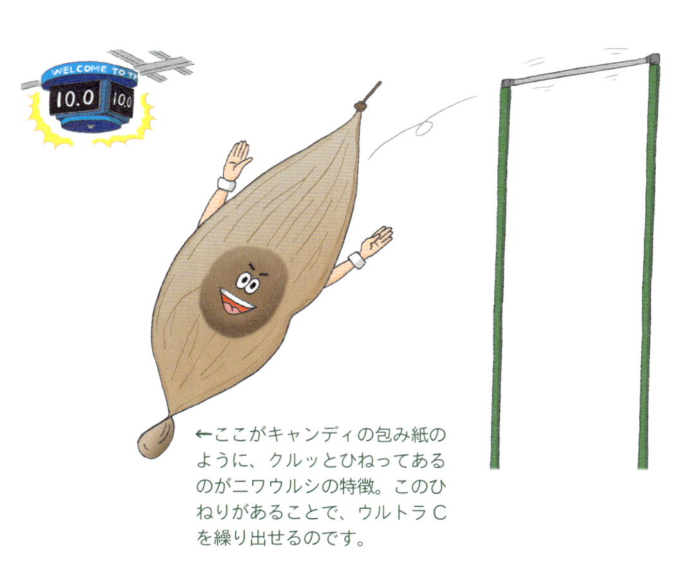
WELCOME TO
10.0
10.0

←ここがキャンディの包み紙のように、クルッとひねってあるのがニワウルシの特徴。このひねりがあることで、ウルトラCを繰り出せるのです。

NO.10

PROFILE

出身地	中国
住まい	野山の道端や公園
誕生月	5～6月
成人時期	10～11月
身長	7㎜（種子） 5㎝（翼果）

食 薬 染 観 遊 他　変わった飛ぶタネとして投げて遊ぶ。中国では樹皮を薬用とする。

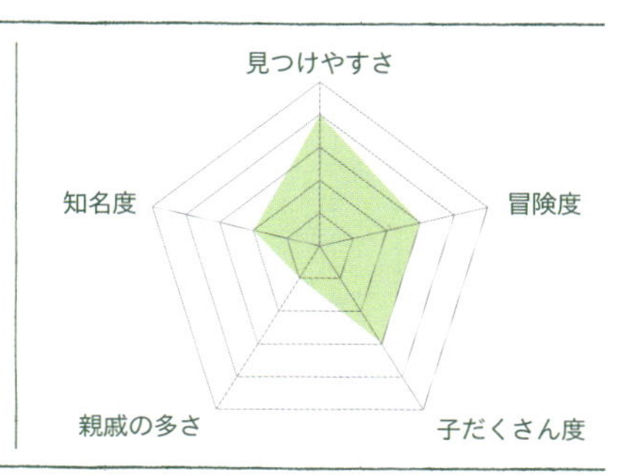
見つけやすさ
冒険度
子だくさん度
親戚の多さ
知名度

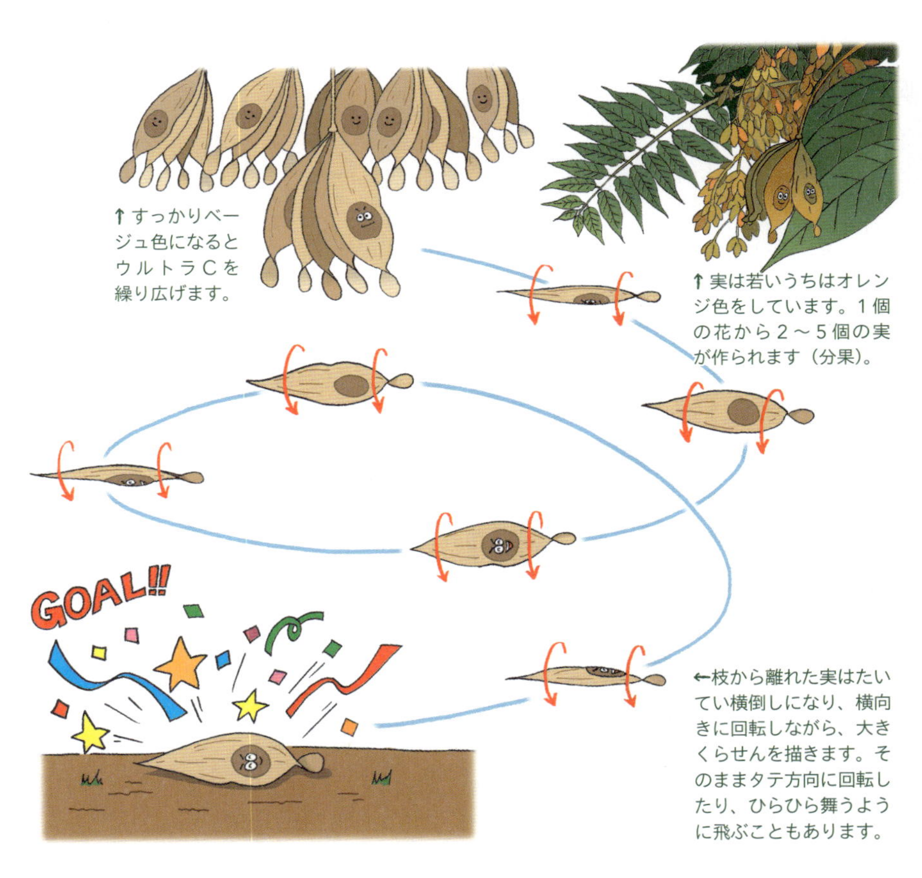
↑すっかりベージュ色になるとウルトラCを繰り広げます。
↑実は若いうちはオレンジ色をしています。1個の花から2～5個の実が作られます（分果）。
←枝から離れた実はたいてい横倒しになり、横向きに回転しながら、大きくらせんを描きます。そのままタテ方向に回転したり、ひらひら舞うように飛ぶこともあります。
GOAL!!

中国原産の外来種で、道路際などでよく野生化しています。ウルシとつきますが、ウルシの仲間ではなく、かぶれません。雄株と雌株があり、雌株にはひらひらした実がたくさんつき、夏の未熟時はオレンジ色でよく目立ちます。秋に熟すと乾いて淡褐色になり、風に飛ばされて舞い散ります。

1個の花から2～5個が束になってできます。ユニークな形をした翼果で、長さ4cmほど。翼のほぼ中心にタネがありますが、決まって重心は少しずれ、翼の片方の端が軽くねじれています。その結果、枝を離れると、上下方向にくるくる回転しながら、水平方向に大きく弧を描くようにゆっくりと飛ぶのです。体操なら、前方宙返りにひねりを加えたウルトラC！　タネの個性や落下の初期角度によってはひらひらと舞うような飛び方もします。

落葉広葉樹
虫媒花（雄花と両性花）

イロハカエデ

Acer palmatum

family: ムクロジ科 | genera: カエデ属

風散布・果実、翼（果実）
翼果、二個ずつつく

もみじのお手手の竹とんぼ

←イロハカエデは双子ダネ。
赤ちゃんのときからずっと、
２人で寄り添って育ちます。

NO.11

PROFILE

出身地	日本
住まい	野山の林、庭や公園
誕生月	4～5月
成人時期	10～12月
身長	3㎜（種子） 1.6㎝（翼果）

食 薬 染 プロペラの実は子供たちに人気。
観 遊 他 紅葉と新緑の美しさをめでる。

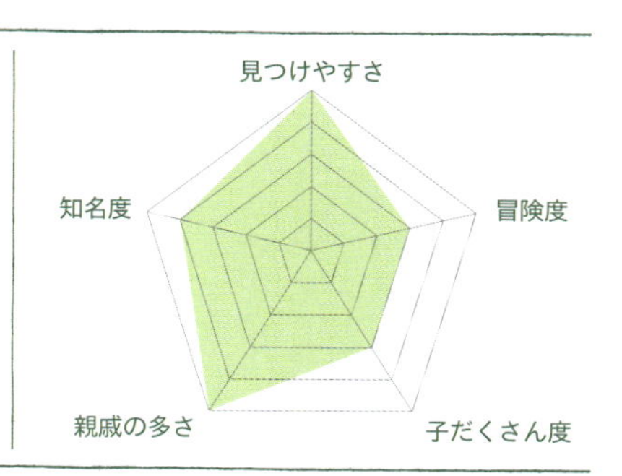

見つけやすさ
冒険度
子だくさん度
親戚の多さ
知名度

→雨の日も風の日も
二人はいっしょ。
ブガ〜
→でも、ある日、お別れの日がやってきます。ピンク色だった翼が茶色になった秋のある日、風に吹かれてそれぞれの旅に旅立ちます。
←飛ぶ少し前には、ペアの実にちょっと亀裂が入ります。
翼
クルクル
←翼の表面にあるすじ状の隆起が空気の流れを整えて、長い時間、空の旅を続けることができます。
クルクル

カエデの実は仲良し双子。1個の花から翼果が2つでき、対になって枝につきます。翼は花の直後に伸び出し、赤ちゃんの実も可愛いものです。イロハカエデの実は2つが水平について竹とんぼを思わせます。

秋の紅葉のころ、双子の実は旅の準備に大わらわ。ふくらみの中で大事に育ててきた1粒のタネが熟すと、翼の部分は軽く丈夫に乾きます。双子の実もいよいよお別れのときが近づきました。これからは冒険の一人旅。実と実の間にすき間ができ、一陣の風に1個ずつちぎれて、さぁ、出発！

片翼のプロペラは、くるくると回転しながらゆっくりと舞い降り、風に乗れば舞い上がって遠くまで飛びます。翼の表面に並行するすじ状の隆起が空気の流れを整えて上昇力を生み、長く安定した飛行をもたらすのです。

くるくる回る カエデの実 コレクション

原寸大

カエデの仲間はどれも2個セットのプロペラ型の実を作ります。秋に実は熟し、風に吹かれて1個ずつ枝を飛び立ちます。プロペラとなる翼にはすじ状の隆起がありますが、これはトンボの羽と同様、空気の流れを整えて上昇力を生み出す働きをしています。

ヤマモミジ
実の角度は約90度。庭にも植えられます。

ウリハダカエデ
山のカエデ。タネの部分が丸くふくれます。

ミツデカエデ
2個の実は平行につき、実もタネも細長い形をしています。

すじすじだよ！

イタヤカエデ
タネの部分が平たく、全体に隆起が目立ちます。

メグスリノキ

葉の形がカエデらしくないカエデ。
秋には紅葉がきれいです。

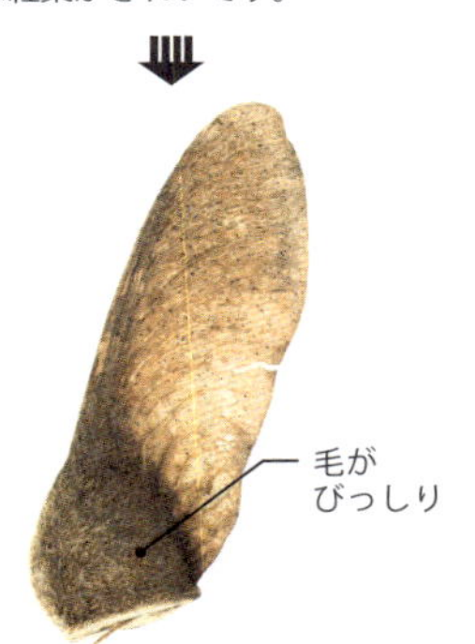
毛が
びっしり

実は大きくて頭でっかち。全体にとても毛深いです。

ウリカエデ

実は無毛で、翼の部分が大きくふくらみます。

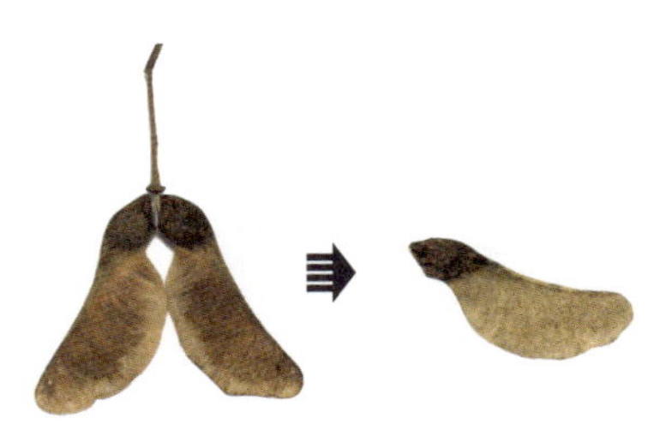

トウカエデ

街路樹や公園のカエデです。タネの部分で翼がくびれます。

カエデの芽生え

手前の大きいのはメグスリノキ、奥の小さいのはイロハカエデの芽生えです。

カジカエデ

山のカエデです。実は大型で、黄褐色の剛毛が生えます。

イロハカエデ

実は小型で、2個がほぼ水平に開きます。

落葉広葉樹
風媒花（雄花序と雌花序）

シラカバ

Betula platyphylla

family: カバノキ科　genera: カバノキ属

風散布・果実、翼（果実）
翼果、円柱状の果序

小鳥とちょうちょのそよ風のロンド

NO.12

PROFILE

出身地	日本
住まい	山や高原、公園
誕生月	4～5月
成人時期	8～10月
身長	1㎜（種子） 3㎜（翼果）

食 薬 染 観 遊 他　街路樹に植える。早春の樹液はシロップに。樹皮は美白成分を含む。

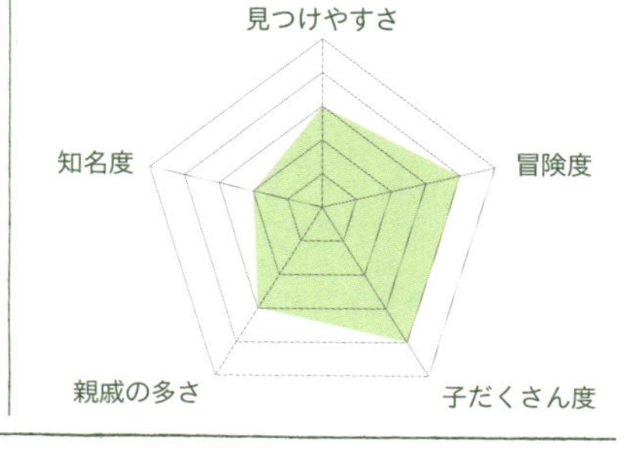
見つけやすさ
冒険度
子だくさん度
親戚の多さ
知名度

↓ちょうちょのタネは新天地へ。シラカバは、新しくできた空き地などにまっ先に林を作るパイオニアです。

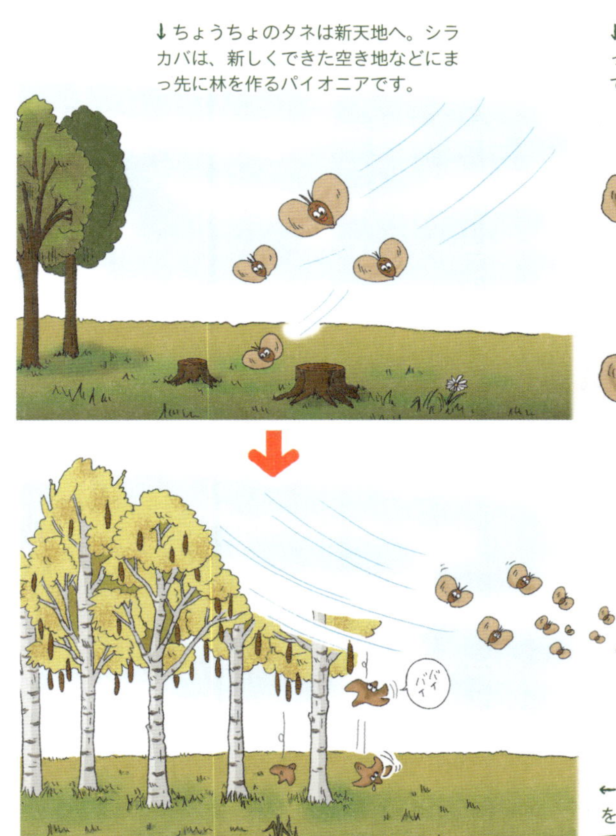
バイバイ

←果鱗は、飛び立つタネを見送ると、役目を終えて地面に落ちます。

↓果穂は、果鱗とタネがぎっしりかさなり合ってできています。

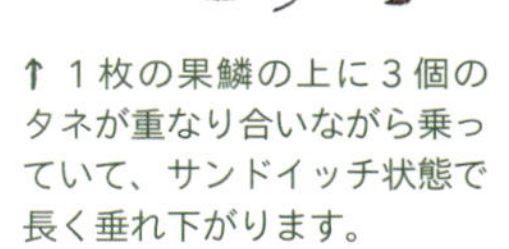

↑１枚の果鱗の上に３個のタネが重なり合いながら乗っていて、サンドイッチ状態で長く垂れ下がります。

シラカバは高原のパイオニア。明るい場所で一斉に育って成長が早く、よく純林を作ります。毎年たくさんのタネを作りますが、タネは短命です。眠って土地の大売出しを待つのではなく、毎年、タネを広範囲にばらまくことで当たりくじを高確率で引き当てているのです。

花は春。雄花は花粉を多量に飛ばして花粉症の原因になります。雌花は太い円柱状の果序を作りますが、これは多数の果鱗（うろこ状の硬い葉）とタネがぎっしり重なり合ったものです。

秋に果穂は空中分解し、果鱗とタネに分かれます。果鱗は翼を広げた小鳥の形。タネは薄い羽を両側に広げたちょうちょの形で、触角はめしべの痕跡です。タネは一つの果穂に約500個。とても軽くてよく飛び、新天地を目指して旅立ちます。

落葉広葉樹
風媒花（雄花と雌花）

ケヤキ

Zelkova serrata

family: ニレ科 | genera: ケヤキ属

風散布・果実、翼（枯葉）
痩果、枝ごと散る

葉っぱの翼で運んでね

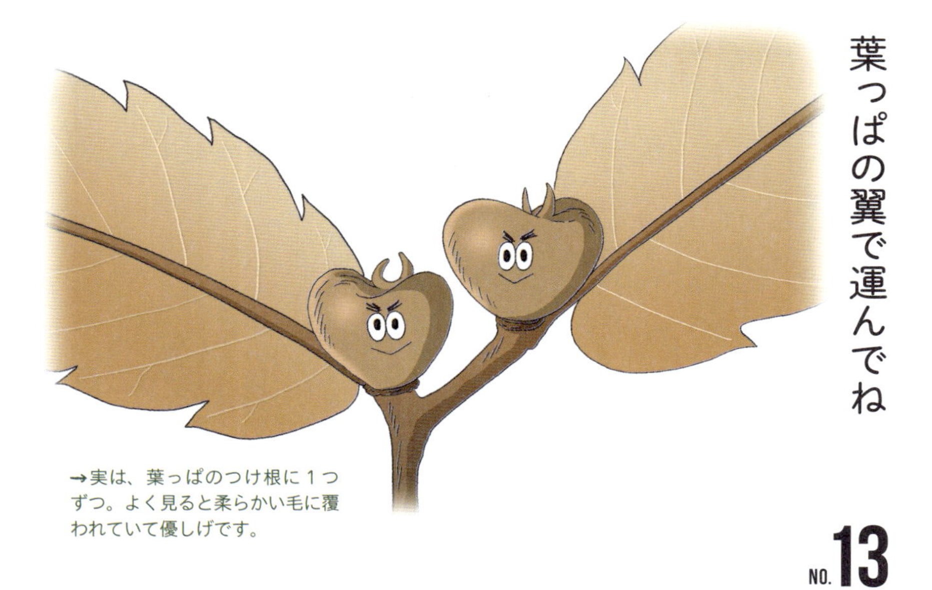

→実は、葉っぱのつけ根に１つずつ。よく見ると柔らかい毛に覆われていて優しげです。

NO. 13

PROFILE

出身地	日本
住まい	野山や公園、街路
誕生月	4月
成人時期	11～12月
身長	3㎜（痩果）/5～10㎝（痩果をつけた枝）

食 薬 染 観 遊 他 樹形が美しいので街路や公園に植えられる。材は高級家具材。

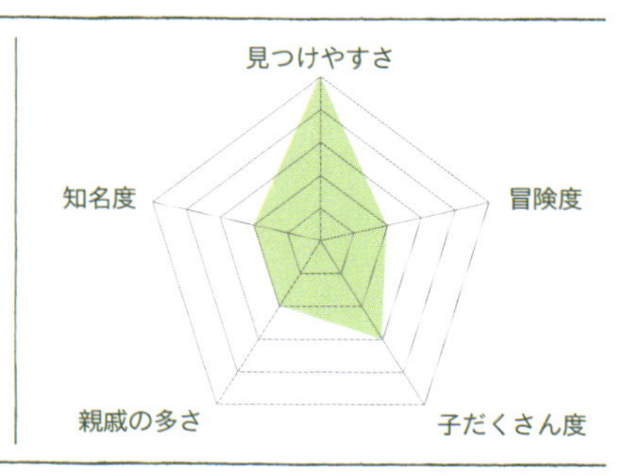
見つけやすさ
冒険度
子だくさん度
親戚の多さ
知名度

スィー

↑高さ25mにもなる大木で、よく街路樹に利用されています。

↑秋、実が地味に熟します。木枯らしが吹くと、葉っぱごと空に舞い上がります。

→そして、あなたの足もとにも、そっと控えめにやってきます。

ほうき型の樹形。美しい並木道。誰もが知っている木ですが、あれ、ケヤキの花や実って、どんなの!?

春の新芽の時期、枝先の小枝に小さな花が咲きます。緑色の地味な風媒花で、花びらも香りもなし。雄花と雌花があり、雌花は葉のつけ根に1つずつ。これが実になり、秋に地味に熟します。

落ち葉の散歩道でケヤキの実を探しましょう。落ち葉にまじって、数枚の小さな葉をつけたまま散ったケヤキの枯れ枝を拾ったら、ほら、その葉の付け根に径3㎜ほどのゆがんだ球形の硬い粒があるでしょう?

それがケヤキの実です。翼や綿毛はありませんが、ケヤキは枝ごと散ることによって、枯れ葉を翼の代わりに利用します。木枯らしの中で、ひらひら、くるくる。ほら、ケヤキの小枝が飛んでいきます。

街路樹の木の実ウォッチング

街路樹には木の実のなるものもたくさんあります。歩き慣れている道でも、ふだんは見上げない梢を見てみれば、新しい発見も。風が吹いた翌日は、足元にも、ほら、樹木からのプレゼントが落ちているかもしれません。

ユリノキ

モクレン科

北アメリカ原産。葉はＴシャツか半纏（はんてん）のような面白い形です。冬にチューリップの花の形のような集合果をつけ、ドライフラワーを思わせます。タネには翼があり、一片ずつくるくると舞い降ります。

カツラ

カツラ科

日本固有種です。ハート型の葉が秋に黄色く色づきます。雌株と雄株があります。裂ける前の実はバナナに似た形です。タネには四角い感じの翼があり、風に飛びます。

トチノキ

ムクロジ科（→ 140 頁）

日本固有種です。実はデンプンを含み、縄文時代から食用にされてきました。ゴルフボールくらいの丸い実が房になって実ります。１つの実にタネは１～２個。タネは大粒で、一見クリに似ています。

ケヤキ

ニレ科（→ 50 頁）

日本原産の高木で、街路樹などにもよく使われ、東京の街中でもよく目にします。実のついた枝は枝ごと散り、数枚の葉を翼の代わりにして遠くまで飛びます。落ち葉を掃くとき、ちょっと観察してみてくださいね。

a

フウ

マンサク科

中国原産で江戸時代に渡来しました。多数の実が集まった集合果をつけ、秋に、それぞれの実の口が開いてタネが散ります。タネが散ったあとも集合果の殻は残ります。突起は柱頭の名残で、モミジバフウよりも細くて折れやすいです。

モミジバフウ

マンサク科

北アメリカ原産で大正時代に渡来しました。集合果は硬く頑丈で、クリスマスの飾りなどに使われます。カエデに似た葉は秋に紅葉します。タネには翼があります。

モミジバスズカケノキ

スズカケノキ科

スズカケノキとアメリカスズカケノキの交配種で、プラタナスと呼ばれてよく植えられています。実は1～3個ずつたれ下がり、樹皮はまだらに白くはげます。タネの突起は柱頭の名残で、スズカケノキより短かめです。

スズカケノキ

スズカケノキ科

ヨーロッパ原産の街路樹で、タネが集まったボール状の集合果をつけます。毛をパラシュートのように広げたタネが風に散ると、実もほぐれてなくなります。スズカケノキの実は2～7個ずつ連なるのが特徴です。

エンジュ

マメ科 （→ P140）

中国原産です。羽状複葉が涼しげで、夏に白い花が咲きます。マメのさやがくびれて数珠のように連なります。11月をすぎると半透明になって、タネが透けて見えます。ヒヨドリなどの鳥が実を食べてタネを運びます。

メタセコイア

スギ科

生きている化石として知られている中国原産の針葉樹です。さくらんぼのような形ですが、これは球果（松ぼっくり）で、松ぼっくりと同じように、鱗片のすきまにタネができます。タネには平たい翼があり、風に飛びます。

落葉広葉樹（半寄生植物）
虫媒花（雌雄異株）

ツクバネ

Buckleya lanceolata

family: ビャクダン科　genera: ツクバネ属

風散布・果実、翼（苞）
瘦果、４枚の翼

ギュ～ン
自然の傑作
回るんダネ！

NO. 14

PROFILE

出身地	日本
住まい	山の尾根
誕生月	4～5月
成人時期	10～11月
身長	10㎜（瘦果）/3～4㎝（翼を含めた瘦果）

食 薬 染　若い実の塩漬けは珍味とされる。
観 遊 他　実の形が面白いので茶花とされる。

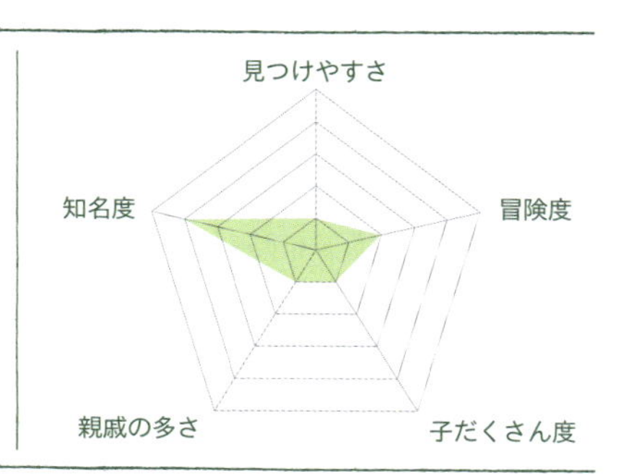
見つけやすさ
冒険度
子だくさん度
親戚の多さ
知名度

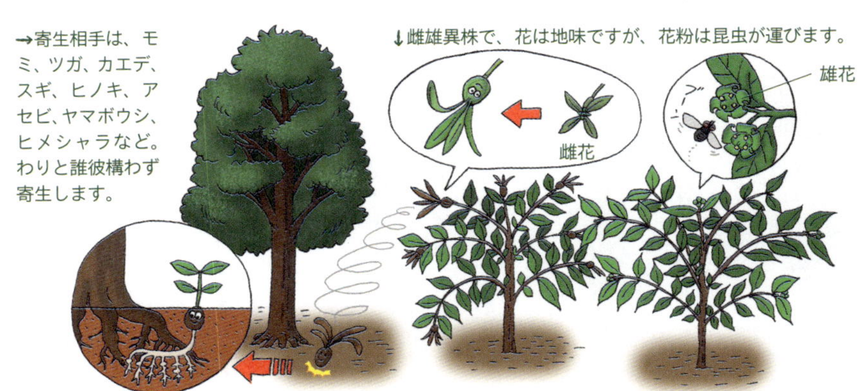
→寄生相手は、モミ、ツガ、カエデ、スギ、ヒノキ、アセビ、ヤマボウシ、ヒメシャラなど。わりと誰彼構わず寄生します。
↓雌雄異株で、花は地味ですが、花粉は昆虫が運びます。
雌花
雄花
↑寄生できそうな樹木のそばに落ちたらしめたもの。その木の根に、自分の根を差し入れて栄養を横取りします。

くるくる回転するタネ選手権

東南アジアの熱帯雨林から来ました!
エントリーナンバー①
フタバガキ
エントリーナンバー②
ショレア
山の林に住んでいます
エントリーナンバー③
ツクバネウツギ
町の公園に住んでいます
エントリーナンバー④
ハナツクバネウツギ
↘羽根つきの玉は本当はムクロジのタネです。
↑羽根つき遊びの羽根にそっくり。

正月の「羽根つき」は、ムクロジのタネに鳥の羽をつけた羽根(つくばね)を羽子板で打ち合う伝統の遊びです。

ツクバネの実はこの羽根にそっくり。楕円形の実に4枚の羽があり、くるくる回りながら空を飛びます。

ツクバネは普通の植物に見えますが、じつは地下でほかの植物に寄生根を挿入して栄養を搾取する寄生植物です。

一般に寄生植物のタネは微細ですが、ツクバネのタネは大型です。タネは芽を出すと緑葉を広げ、根を伸ばして寄生相手を探ります。タネの栄養で1年くらいは単独でも生きますが、それ以上寄生できないと枯れてしまいます。無事に寄生するまで生き延びられるように、タネが大きいのです。

雌雄異株(しゆういしゅ)で、雌株には4枚の苞(ほう)をもつ目立たない花が咲きます。この苞が育って美しい実になります。

むかごと若い実

つる性多年草
虫媒花（雌雄異株）

別名：ジネンジョ（自然薯）

ヤマノイモ

Dioscorea japonica

family: ヤマノイモ科　genera: ヤマノイモ属

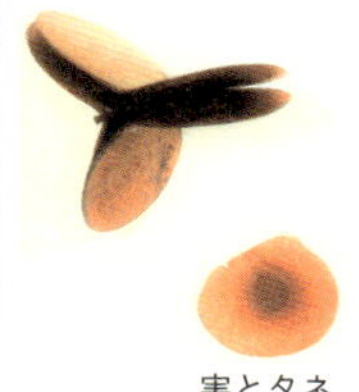
実とタネ

風散布・種子、翼（種子）
蒴果、3つに裂ける

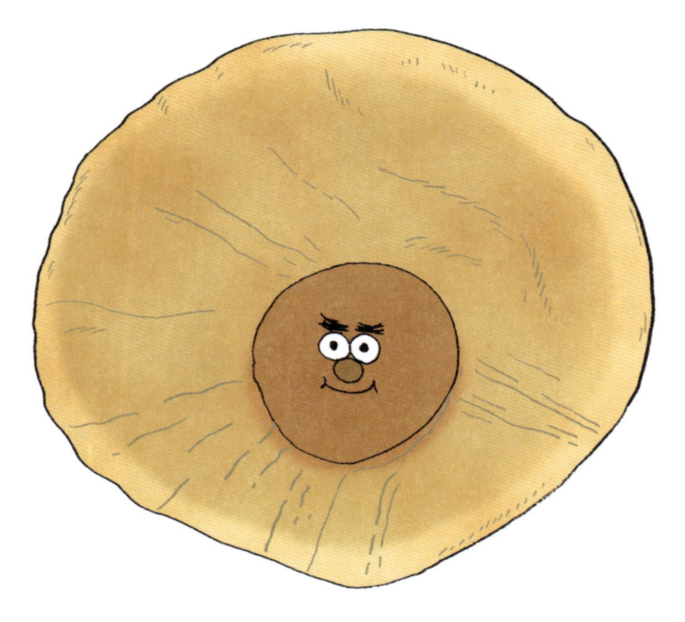

ゆるやかに滑空 円盤型のグライダー

NO.15

PROFILE

出身地	日本
住まい	野山の林や草むら
誕生月	7～8月
成人時期	10～11月
身長	4㎜（種子）/15㎜（翼を含めた種子）/2㎝（実）

実の殻はドライフラワーに。むかごや芋（自然薯）は食材。

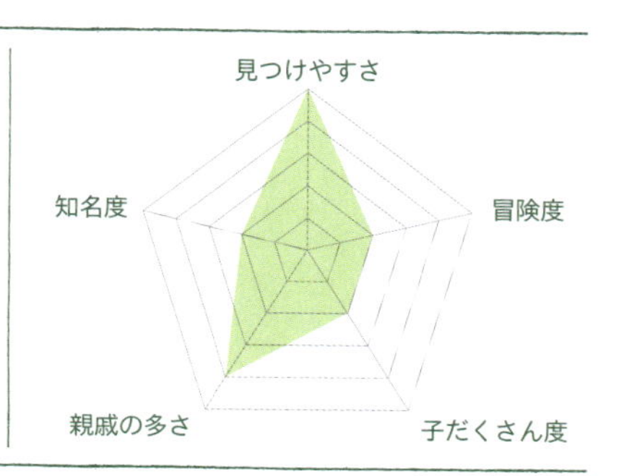
見つけやすさ
冒険度
子だくさん度
親戚の多さ
知名度

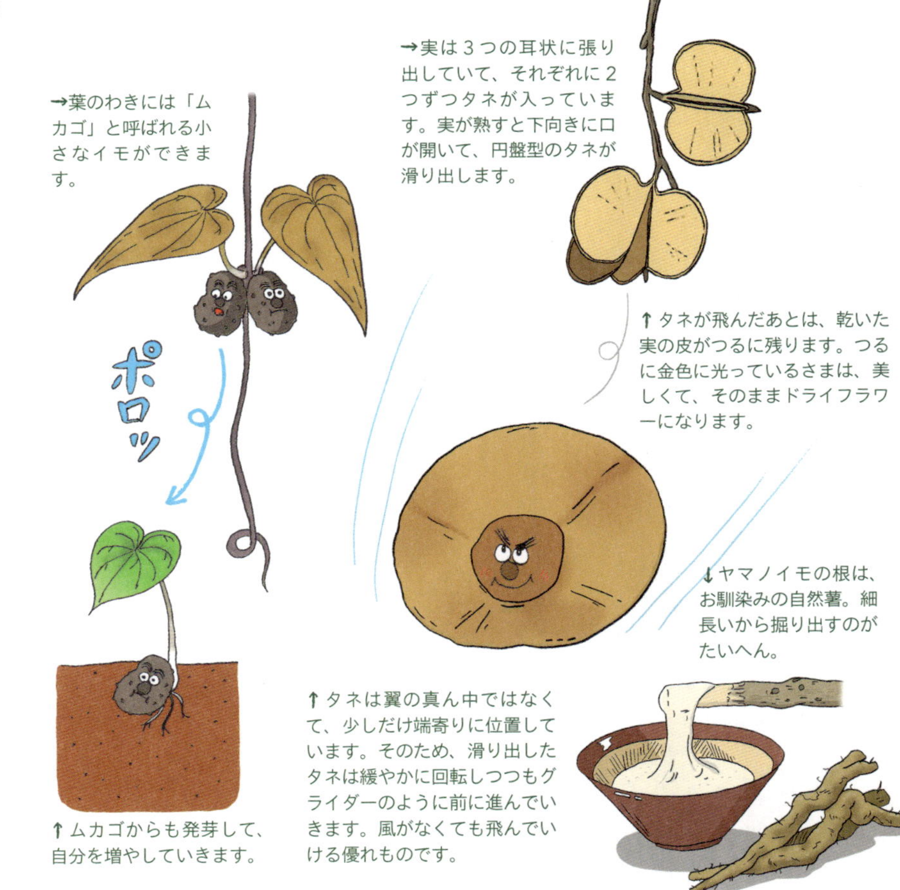
→葉のわきには「ムカゴ」と呼ばれる小さなイモができます。
ポロッ
→実は３つの耳状に張り出していて、それぞれに２つずつタネが入っています。実が熟すと下向きに口が開いて、円盤型のタネが滑り出します。
↑タネが飛んだあとは、乾いた実の皮がつるに残ります。つるに金色に光っているさまは、美しくて、そのままドライフラワーになります。
↓ヤマノイモの根は、お馴染みの自然薯。細長いから掘り出すのがたいへん。
↑タネは翼の真ん中ではなくて、少しだけ端寄りに位置しています。そのため、滑り出したタネは緩やかに回転しつつもグライダーのように前に進んでいきます。風がなくても飛んでいける優れものです。
↑ムカゴからも発芽して、自分を増やしていきます。

高価なとろろの「自然薯」はこれのイモ。野山のつる植物で、葉のわきに生じる「ムカゴ」も秋の珍味です。

ムカゴは実ではなく、茎の組織がイモ状に変化したもので、地面に落ちると根や芽が出ます。子株は親株のクローン。周囲に同じ顔が増殖します。

ヤマノイモは花も咲かせます。雄株と雌株があり、虫が花粉を運んで雌株の花が結実します。実には３つの耳状の張り出しがあり、２個ずつタネが入っています。熟すと実は下向きに口を開き、タネが１個ずつ滑り出ます。タネは薄膜を丸く広げた円盤状で、緩やかに回転しながら滑空します。無風でも飛べるグライダー型のタネです。

ムカゴとタネのダブル作戦。自分のクローンは身近に置き、違う遺伝子のタネは遠くに飛ばす。ヤマノイモならではの粘り強い万全の繁殖戦略です。

常緑針葉樹
風媒花（雄花と雌花）

アカマツ

Pinus densiflora

family: マツ科 | genera: マツ属

風散布・種子、翼（種子）
球果（松ぼっくり）

結んで開いて松ぼっくり

パァァァ…
クルクルクルクル

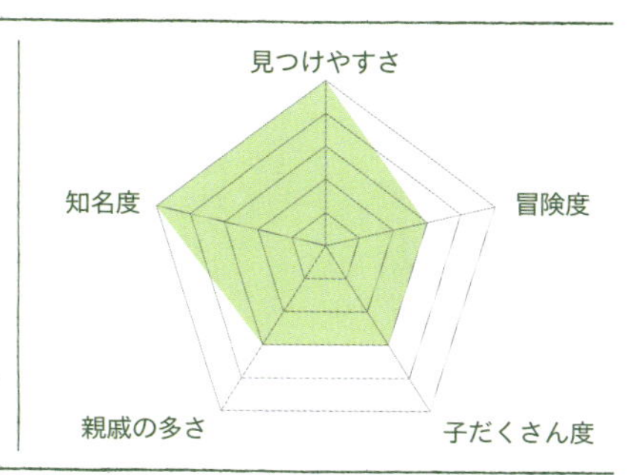

→旅立ちの日は相棒とサヨナラして、くるくる回って飛んでいきます。

NO.16

PROFILE

出身地	日本
住まい	野山、庭や公園
誕生月	4月
成人時期	6月
身長	5㎜（種子）/2㎝（翼を含めた種子）/5㎝（球果）

食 薬 染 観 遊 他　庭木とされる。球果（松ぼっくり）はクリスマス飾りなどに利用

見つけやすさ
冒険度
子だくさん度
親戚の多さ
知名度

クスン
赤ちゃん
松ぼっくり
お母さん
松ぼっくり
おばあちゃん
松ぼっくり
「森のエビフライ」

↗雨の日は鱗片を閉じますが、旅立ちにぴったりな晴れた日は開きます。

←2人で1つの鱗片のベッドに寝ています。

←リスは青い鱗片をはがしながらタネを食べます。あとにはエビフライにそっくりの軸の部分が残されます。

↑1つの枝に3世代が同居しています。

マツの仲間は毎年、松ぼっくり（まつかさ、毬果、球果）を作ります。中心軸のまわりに多数の鱗片がつき、その上面でタネが2個ずつ作られます。

アカマツやクロマツの松ぼっくりは花後に1年半かけて熟します。よく晴れた秋の日、樹上の松ぼっくりは大きく開き、翼をつけたタネを飛ばします。タネは驚くほど高速で回転し、軽々と風に乗って遠くまで飛びます。タネが飛べない雨の日は、松ぼっくりは閉じます。乾くと開き、ぬれると閉じる性質があるのです。

リスやムササビは松ぼっくりのタネを食べます。ムササビは食べ方がやや雑で、途中で投げ捨てたりしますが、リスは几帳面に鱗片をかじり取って食べていきます。そして、最後に残されるのが中心軸。豊かな自然を象徴する「森のエビフライ」です。

世界の飛ぶタネ

くるくる回るタネは、ゆっくりと落ちる間に風に流されて移動します。東南アジアの熱帯雨林に生育するフタバガキ科の樹木は、高さ50〜80mにもなり、林のほかの木々をしのいで突出した高さにそびえます。タネは2枚または5枚の大きな羽根をつけ、高い枝から回転しながら落下します。羽根をつけたタネは、カエデのような片翼型のタネに比べて、重い荷重を運ぶことに優れています。大きなタネからは大きな芽生えが育ち、

アルソミトラ
ウリ科
Alsomitra macrocarpa

巨大なグライダータイプのタネとして有名です。透き通る羽根で100mも滑空するとは驚き！

ソリザヤノキ
ノウゼンカズラ科
Oroxylum indicum

アルソミトラと同じタイプで、滑空して遠くまで飛んで行きます。

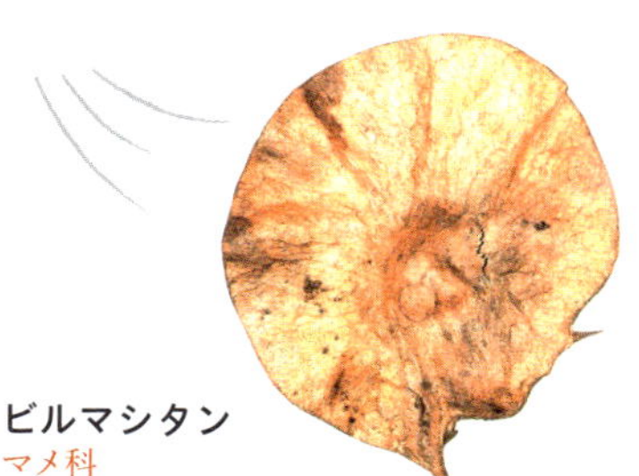

テチガイシタン
マメ科
Dalbergia oliveri

飛び方はニワウルシに似て、横向きに回転しながら落下します。

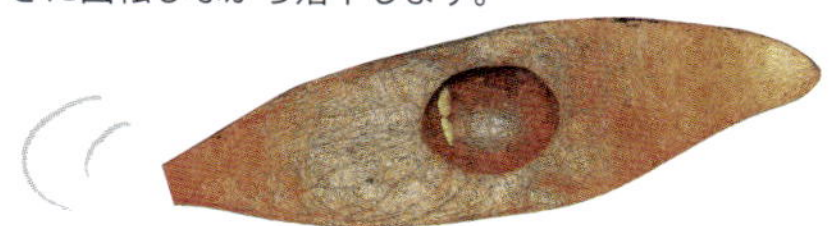

ビルマシタン
マメ科
Pterocarpus macrocarpus

豆のさやは円盤型で、ほぼ水平を保ちながら滑空します。

暗い林の下で有利に育つことができます。

密林の中で風がなくても飛べるよう精巧に設計されているのは、アルソミトラのタネです。下向きに口を開いた実から、タネをのせた薄膜状のグライダーが1枚ずつリリースされて滑空します。滑空比は4：1、つまり1m落下するごとに4m滑空します。高さ25mから落下したのなら100mは飛ぶ計算です。

熱帯には、ほかにもさまざまな形をした飛ぶタネが多数見られます。どんなふうに飛ぶのか、形から想像してみてくださいね。

ターミナリア
シクンシ科
Terminalia calamansanai
翼を広げた鳥のようで、タイ語では「サクニー（小鳥）」と呼ばれています。

ビルマウルシ
ウルシ科
Gluta usitata
タネはくるくる回転落下型。形は羽根つきの羽根のようです。

スパソロブス
マメ科
Spatholobus parviflorus
豆のさやが翼になり、くるくる回転しながら落下します。

フタバガキ科の一種
フタバガキ科
Dipterocarpus obtusifolius
2枚のプロペラでくるくる回転。木になっているときは、丸い部分が枝につき、タネのおしりからプロペラが飛び出ています。

Column 2

袋ごと飛ぶ フウセンカズラ

フウセンカズラはインド〜アフリカを原産地とするムクロジ科のつる植物です。風船のようにふくらむ実が愛らしく、よく庭に植えられます。実の内部は3つの部屋に分かれていて、部屋ごとに1個ずつ、計3個のタネが育ちます。熟した実は茶色く乾いて軽くなり、風にちぎれてコロコロ転がっていくというしかけです。実が破けて転がり出るのは、黒地に白いハート模様のあるかわいいタネ。目鼻を書けばサルの顔にも見えてきます。

このハートは、種が幼かった時分の「おへそ」の跡です。この部分がお母さん植物につながっていて、栄養をもらっていたのです。お母さんへの感謝が詰まったハートなんですね。

風船のようにふくらんだ実。グリーンカーテンの植物としても人気です。

フウセンカズラのタネ。ハート模様の部分から栄養を吸収していました。

3章

ぱらぱらダネ

para para dane

タネがケシ粒ほどのサイズなら、綿毛や翼なしでも風にぱらぱら飛ばされます。ほこりほどに軽ければ、ほんの少しの気流にもふわふわ漂います。軽くて移動に適する反面、小さなタネには貯蔵栄養が少ないという制約もあります。

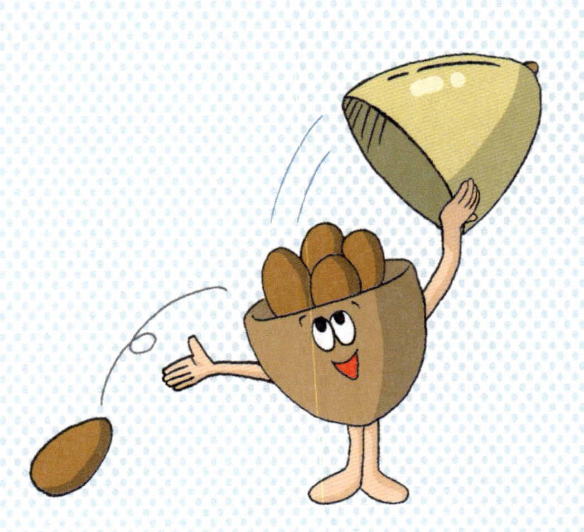

多年草（全寄生植物）
虫媒花

別名：オモイグサ（思草）

ナンバンギセル

Aeginetia indica

family: ハマウツボ科 | genera: ナンバンギセル属

風散布・種子、微細
蒴果、不規則に破れる

寄生植物の腹ぺこダネ

ペロリ

NO.17

PROFILE

出身地	日本
住まい	野山の草むら
誕生月	7～9月
成人時期	9～10月
身長	0.25㎜（種子） 3.5㎝（実）

食 薬 染 観 遊 他
花は観賞・俳句の題材とされる。
種子を蒔いて育て、山野草とする。

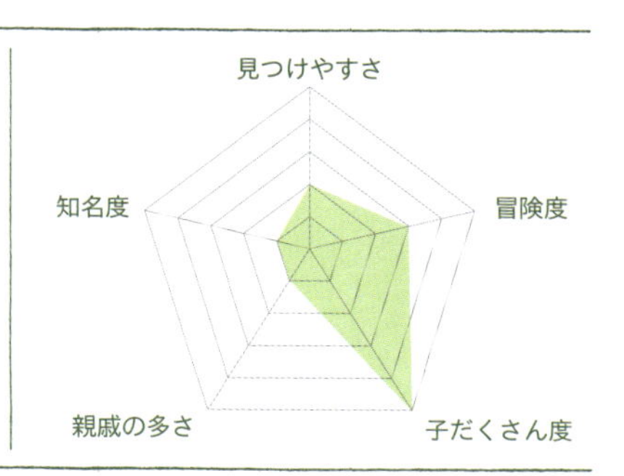
見つけやすさ
冒険度
子だくさん度
親戚の多さ
知名度

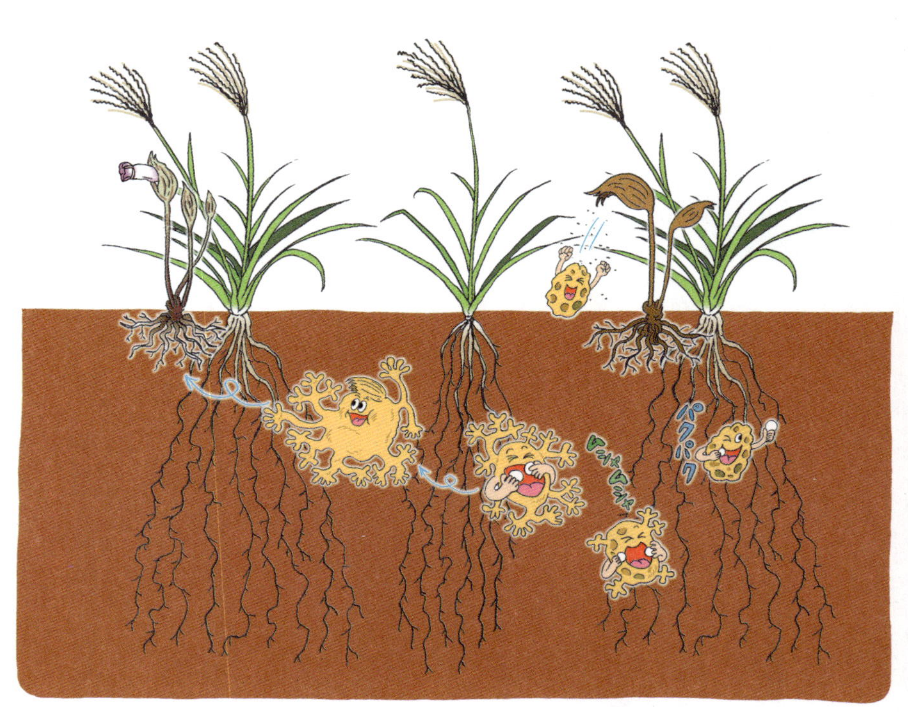
パクパク
ムシャムシャ

↑ハマウツボ科の植物はいずれも寄生植物で、農作物の大害草になっているものもあります。ナンバンギセルも東南アジアではサトウキビの害草になっているそうです。

↑地面に落ちたタネは、ススキの根から出る物質に刺激を受けて発芽します。発芽と同時に寄生を始めて成長します。ミョウガにも寄生します。

秋になるとススキの根元にそっと寄り添い、うつむいて咲くピンクの花。ところが実際は、植物のくせに光合成をせず、ススキが稼いだ糖分を見えない地下で吸いあげています。うーん、かわいい顔してヤルもんですね。

黒く枯れた花びらの中で実は熟し、果皮が破けて数万とも十数万ともいわれるタネが風に散ります。タネは長径0.2㎜。ほこりのように小さく軽く、翼がなくてもよく飛びます。

ふつうの植物は芽が育つのに必要な養分をタネに詰めて送り出します。でもナンバンギセルの場合は、ススキの根からにじみ出る物質が発芽の引き金となり、タネは発芽と同時に寄生を開始します。だから「お弁当」の必要がなく、タネを小さくすることができました。そのぶん数をうんと増やして出会いのチャンスを広げています。

多年草
虫媒花

シラン

Bletilla striata

family: ラン科　genera: シラン属

風散布・種子、微細
蒴果、割れ目ができる

グー

ランの仲間は貧乏人の子だくさん？

NO.18

PROFILE

出身地	日本
住まい	公園や庭（野生はまれ）
誕生月	5月
成人時期	11～1月
身長	1.5㎜（翼を含めた種子） 6㎝（実）

食 薬 染 観 遊 他　花の観賞用に栽培される。熟果は花材に。根茎は薬用。

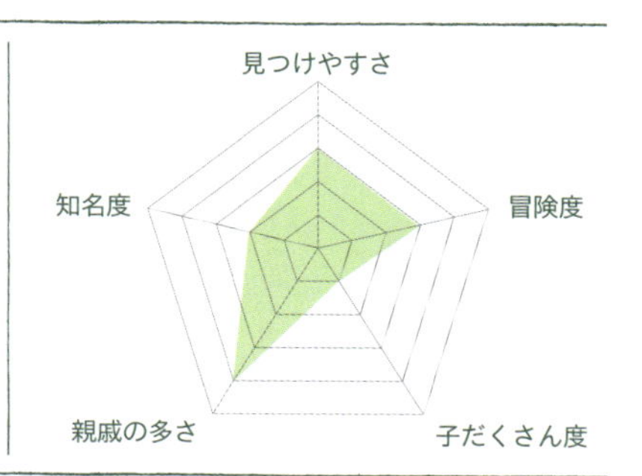
見つけやすさ
冒険度
子だくさん度
親戚の多さ
知名度

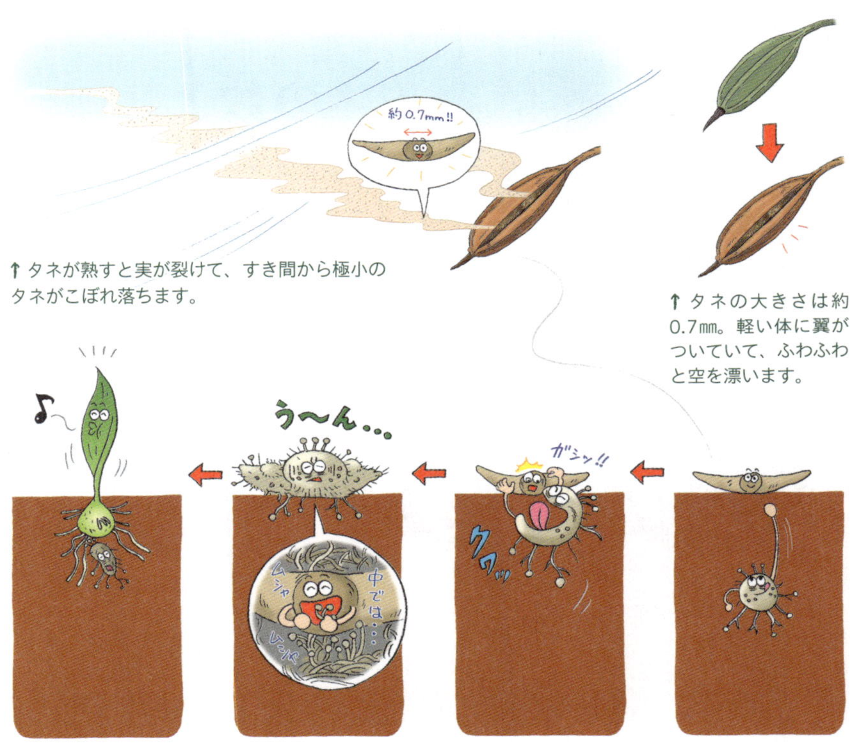
約0.7mm!!
う〜ん…
ガシッ!!
クワッ
ムシャ
中では…

↑タネが熟すと実が裂けて、すき間から極小のタネがこぼれ落ちます。

↑タネの大きさは約0.7㎜。軽い体に翼がついていて、ふわふわと空を漂います。

↑地上に降りたシランのタネに菌類が菌糸を伸ばして近寄ります。

↑「いただきます！」のつもりでかぶりつきました。ところが…。

↑気づいたらシランに栄養を奪われてしまう悲しい菌類。

↑そんなことしらんぷりで、シランは大きく育ちます。

日本生まれの美しいラン。野山ではめったに見られなくなりましたが、庭や公園では元気に育って実もなります。

実は長さ5㎝ほどのすらりと細長いカプセル型。中身はどんなの？　と割ってみて、うわぁ、びっくり。ゴミ捨てサインが点いた掃除機のように、ほこり？　がぎっしり詰まっていました。

ランのタネは重さ0・01㎎以下と、すべての植物の中で最も小さく軽いのです。ほこりのように微細なタネは、わずかな空気の動きにも、ほこりのように漂います。小さい分、数は多く、1個の実に作られるタネは数万から数十万個。晩秋になると実にすきまが開き、無数のタネが風に舞います。

微細なタネに養分の蓄えはありません。ランのタネは自力では発芽すらできませんが、土壌中のラン菌に栄養をもらうことで発芽・成長しています。

大きなタネ

トチノキ（ムクロジ科）
長さ約3㎝、重さは1粒6～25g。デンプンが詰まったタネは、ネズミやリスに運ばれます。

手のひらに置いたトチノキのタネと実。実は直径約5㎝でゴルフボール大。

Column 3

タネの数と大きさのジレンマ

アオキ（アオキ科）
実は長さ1.8㎝。タネは1.3㎝ほど。口の大きなヒヨドリが実を飲み込みます。

モダマ（マメ科）
海流に運ばれます。世界最大のマメで直径は最大7㎝に。

ミズナラ（ブナ科）
長さ2～3㎝。「どんぐり」は堅果で、中に種子が入っています。

オキナワウラジロガシ（ブナ科）
日本で最大のドングリとして知られています。長さ3.5㎝。

植物の種類により、タネの数と大きさは大きく異なります。たとえばトチノキ（140頁）の大粒のタネとランの無数かつ微細なタネは、重さでいえば100万倍も違います。

一般的に言えば、タネは多くつくった方がチャンスが広がって有利です。でも数を多くすると一つ一つを小さくせざるをえず、芽が育つ率も下がってしまいます。といってタネを大きくすれば、数は限られ、移動力の低下という問題も生じます。タネの数と大きさをめぐって、植物たちはジレンマを抱えているのです。

タネの大きさが特に重要になるのは、生育の初期が厳しい環境におかれる場合です。たとえば芽生えが満足に光を得にくい日陰の植物は、明るい場所の植物に比べて、一般に大きめのタネをつくります。お母さん植物がタネにお弁当をたくさんもたせてくれるのです。アオキ（172頁）やジャノヒゲ（190頁）はその例です。

逆に数がものをいうのは、偶然生じるエアポケットのような空間にうまくヒットすれば成功する

小さなタネ

フデリンドウ（リンドウ科）

春に咲くリンドウ。雨滴散布で、熟すと実の口が開いて、雨粒に小さなタネがはじかれます。

タネは紡錘形で、長さ0.2㎜。

タネには網目模様があります。長さ0.2㎜。

ナンバンギセル（ハマウツボ科）

寄生植物です。タネがぎっしり詰まった実は熟すと果皮がぼろぼろになり、タネは風に散ります。写真は実の断面。

タシロラン（ラン科）

葉緑体をもたず、菌類に寄生します。微細なタネが風に散ります。

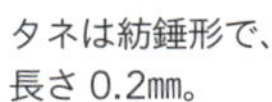

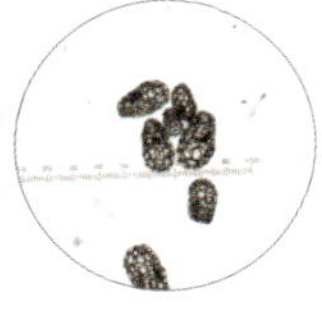

タネは長さ0.2㎜。透けて見える濃い部分が胚。

ような場合です。たとえばオオアレチノギクなど空き地の雑草は、広い面積にくまなくタネをばらまくことで、当たりくじを引き当てています。ついでに言うと、こうしたタネの多くは休眠性も備えています。うまく当たれば、明るい場所だけに、タネはすぐさま光を浴びて育ちます。

極端に大きなタネをつくる植物には、別の要因も加わっています。貯食散布されるトチノキやドングリ類は、林内という環境のほかに、大きなタネの方が動物にとって魅力的で運ばれやすいという選択圧が加わって大型化の方向に進んだと考えられます。水散布型のタネも全般に大型ですが、これは水の力を利用することで移動の難題を免れた上に、大きなタネの方が腐らずに浮力が維持できて適応力も増すからでしょう。

極小のタネにも理由があります。ラン科やツツジ科、リンドウ科は、根に共生する菌類に助けをかりて発芽するので、一般の植物よりタネを小型化できました。ナンバンギセル（64頁）のタネも寄主のススキなどから栄養を奪って成長します。

多年草
風媒花（雄花と雌花）

オオバコ

Plantago asiatica

family: オオバコ科　genera: オオバコ属

濡れたタネ

靴底散布・種子、微細・粘
蓋果、上下に割れる

踏まれてタネまきたくましさに脱帽！

ぼうしがすてきでしょ

NO.19

PROFILE

出身地	日本
住まい	道端やグラウンド
誕生月	4～9月
成人時期	6～11月
身長	1㎜（種子） 0.5㎝（実）

種子は生薬「車前子」。若葉は食用。
同属の種子はダイエット食品。

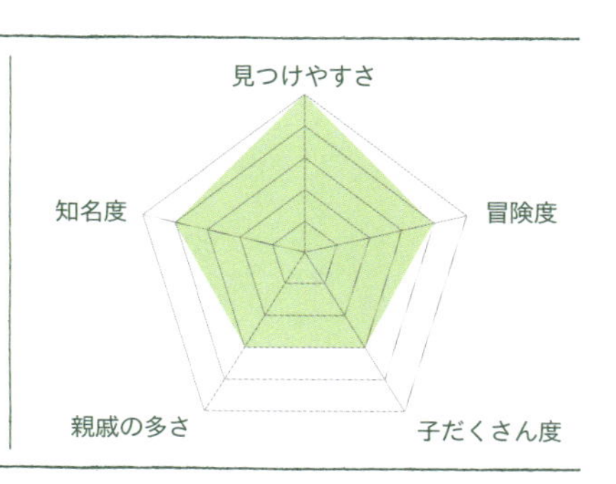
見つけやすさ
冒険度
子だくさん度
親戚の多さ
知名度

ムクムク
プルン
サッ

↑タネは、水に濡れるとゼリー状の物質に包まれて、くっつきやすくなります。

↑帽子を脱ぐと、中からタネが現れます。

↑こうしてオオバコは人の行く先々に運ばれます。町の中でも高い山でも、いたる所に生えています。

パカッ

↑帽子は自分では脱げません。踏まれて初めて脱げるので、踏みつけられるのも嫌いではありません。

オオバコはしぶとい雑草です。砂利道やグラウンドなど踏まれる場所に生えて、地面に低く葉を広げてしたたかに生きています。しなやかで折れにくい花茎、並行する丈夫な葉脈、抜けにくい根。踏まれ強いだけでなく、踏まれる場所をまんまと独占しています。

実は踏まれるとふたが外れてタネを出し、タネも踏まれることで広がります。軸に多数つく実はカプセル状で、踏まれると上半分がふたのように外れるのです。タネは増粘多糖類の薄いコートを着ていて、雨や露に濡れると水を吸ってゼリー状にふくらみ、人の靴底や車のタイヤに貼りついて人の移動とともに運ばれます。

人もオオバコやその仲間を利用しています。タネは咳止めや利尿の生薬とされ、ゼリー状にふくらむ食物繊維はダイエット食品に使われます。

一年草（帰化）
虫媒花

ナガミヒナゲシ

Papaver dubium

family: ケシ科　genera: ケシ属

風・靴底散布・種子、微細
蒴果、円筒形で上部に穴

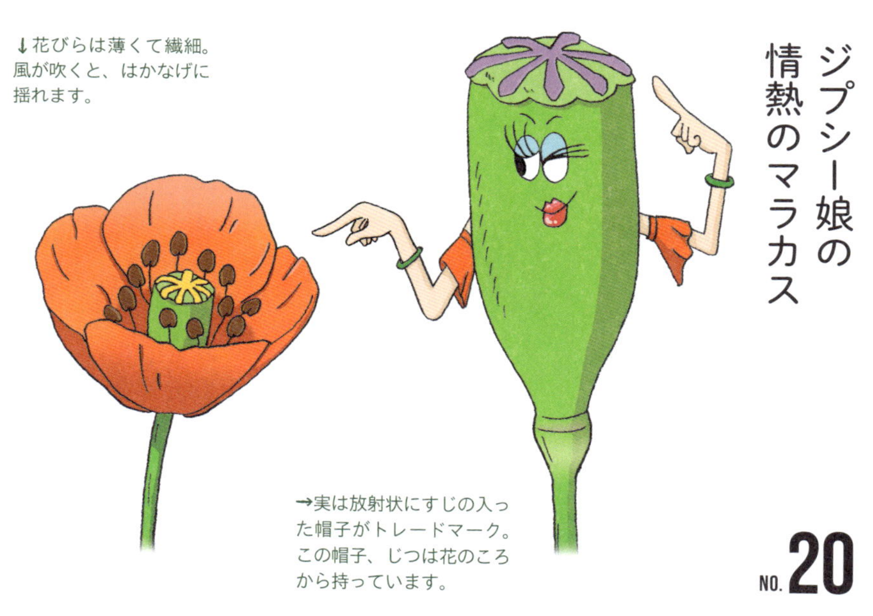

↓花びらは薄くて繊細。風が吹くと、はかなげに揺れます。

ジプシー娘の情熱のマラカス

→実は放射状にすじの入った帽子がトレードマーク。この帽子、じつは花のころから持っています。

NO.20

PROFILE

出身地	ヨーロッパ
住まい	空き地や道端
誕生月	4～5月
成人時期	5～6月
身長	1㎜（種子） 1～3㎝（実）

食 薬 染 観 遊 他　観賞用にと広められたが、増えすぎて現在は駆除の対象。

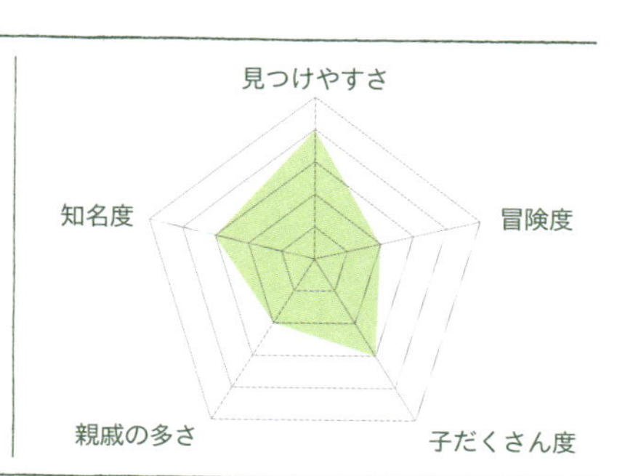
見つけやすさ
冒険度
子だくさん度
親戚の多さ
知名度

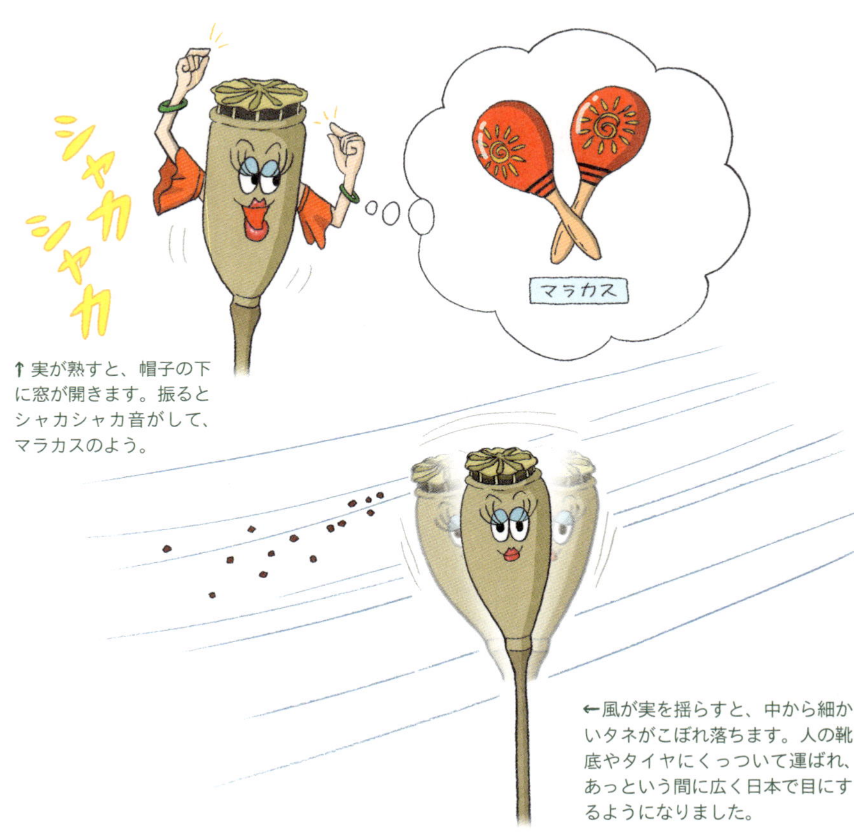
シャカ
シャカ
マラカス

↑実が熟すと、帽子の下に窓が開きます。振るとシャカシャカ音がして、マラカスのよう。

←風が実を揺らすと、中から細かいタネがこぼれ落ちます。人の靴底やタイヤにくっついて運ばれ、あっという間に広く日本で目にするようになりました。

赤いドレスのジプシー娘が風に軽やかに踊っています。この南ヨーロッパ生まれの野生のケシは、今、日本のあちこちで急増しています。

花は径5㎝ほどですが、極小の株では径1㎝と小ぶりの花も。初夏には枯れる一年草だからこそ、どんなに小さな株も精一杯の花をつけて実を結び、タネを残そうとします。

実の形がヒナゲシより細長いのが名前の由来。麻薬の成分は含みません。おもしろい裂け方をする蒴果で、熟すと実の上端にぐるっと小さな窓が開き、風に揺れてタネが散ります。

数えてみると長さ2.3㎝の実の中に約1000個ものタネが入っていました。無数の小さなタネは行き交う人の靴底や車のタイヤについて遠方に運ばれ、新しい土地で一面の花の舞踏を繰り広げるのです。

越年草（史前帰化）
虫媒花

別名：ペンペングサ

ナズナ

Capsella bursa-pastoris

family: ケシ科 | genera: ケシ属

靴底散布種子、微細
角果、果皮が両側に外れる

ぺんぺん草のブロークンハート

→恋は決まって実りませんが、子孫繁栄はバッチリです。

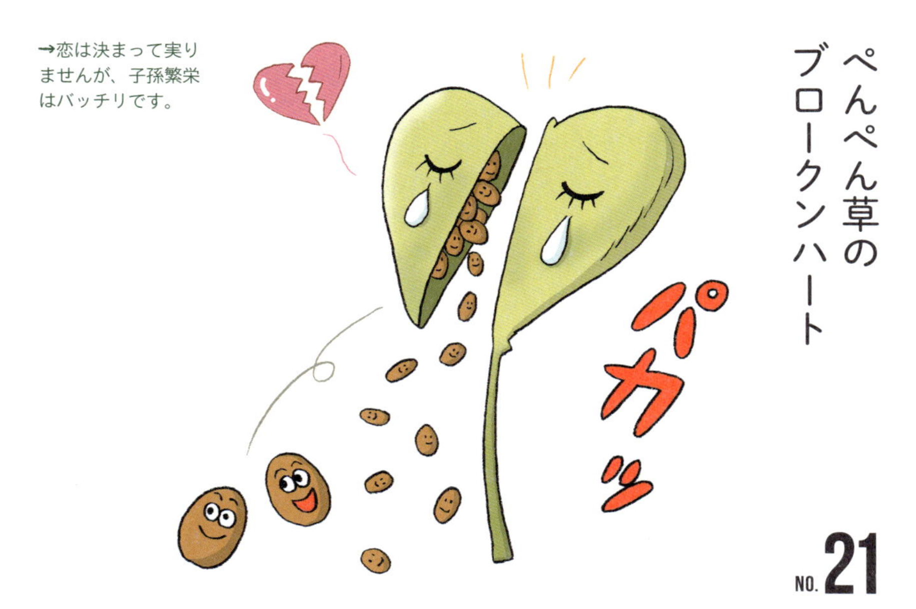
パカッ

NO. 21

PROFILE

出身地	日本・中国
住まい	田畑や道端、公園の芝生
誕生月	4月
成人時期	6月
身長	0.8㎜（種子） 0.5㎝（実）

食 薬 染 観 遊 他 春の七草で若葉は食用、全草が薬用。若い実を炒って健康茶に。

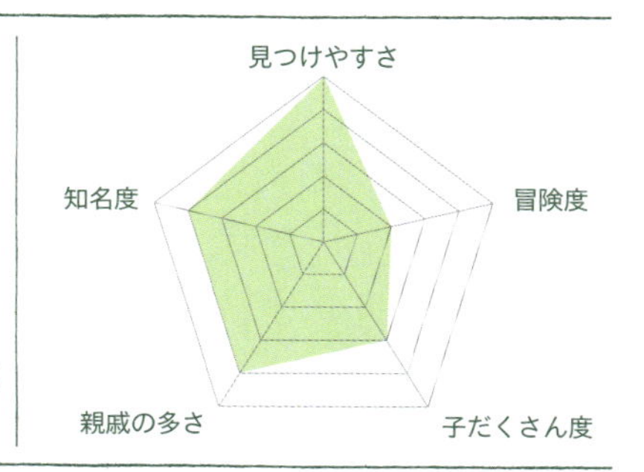
見つけやすさ
冒険度
子だくさん度
親戚の多さ
知名度

↓実は、三味線のバチに形が似ているので「ぺんぺん草」とも呼ばれます。
シャラ
シャラ
↑実を少し茎から離して振り回せば、でんでん太鼓に早変わり。
←ハートの実が裂けてタネが散った後には、透明な隔壁が残ります。
↑実が熟すと、楽しい日々はおしまい。真ん中から実が割れて、中からタネがこぼれます。

「ぺんぺん草」とも呼ばれる一年草。農耕文明の黎明期に作物に混じって大陸から日本に移住し、以来、田畑や町の雑草として人に寄り添って生きてきました。春の七草の1つで、冬のロゼットは食用になり、今も正月七日にはパック詰めが売られます。

春に花茎が立ち、白い十字の花が次々に咲いて実になります。その実がハート形で、三味線のバチに似ているので、三味線の音から「ぺんぺん草」。茎に並んだ実をどれも一皮残して引き下ろしてから耳元で振ると、シャラシャラ……。優しい音が響きます。

実が熟すと、軽く触れたり揺れたりしただけでハートは真っ二つに裂けて両側からパカッと外れ、タネが散ります。タネは土や作物に混じったり、雨に濡れて服や靴にへばりついたりして、あちこちに運ばれていきます。

一年草（帰化）
虫媒花（開放花と閉鎖花）

キキョウソウ

Triodanis perfoliata

family: キキョウ科 | genera: キキョウソウ属

風・靴底散布・種子、微細蒴果、円筒形で側面に穴

ブラインドが開いてビーナスの鏡

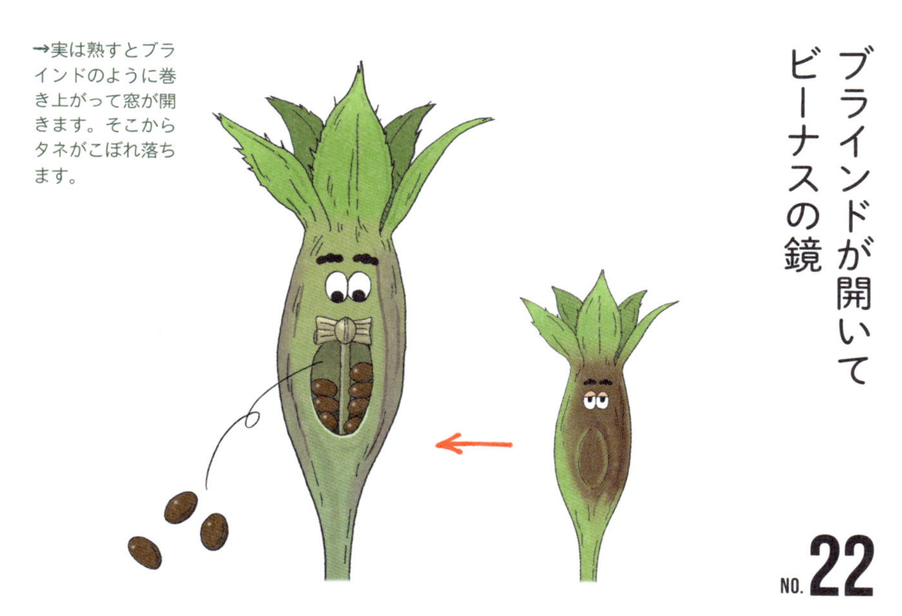

→実は熟すとブラインドのように巻き上がって窓が開きます。そこからタネがこぼれ落ちます。

NO. 22

PROFILE

出身地	北アメリカ
住まい	道端、芝生のすきま
誕生月	5～6月
成人時期	5～6月
身長	0.5㎜（種子） 0.7㎝（実）

食 薬 染 観 遊 他

当初は観賞用に導入された。現在は雑草化している。

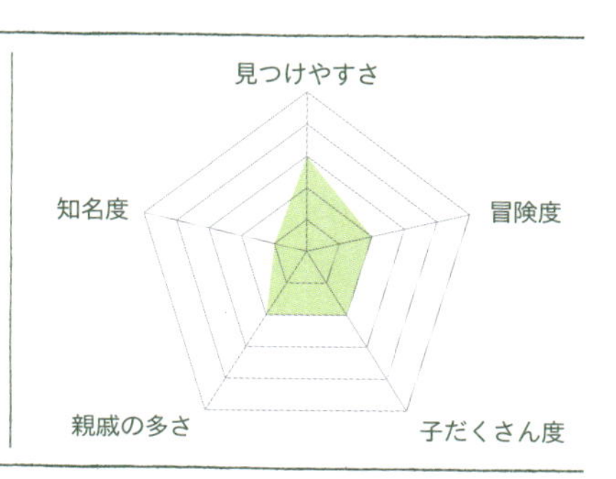

見つけやすさ
冒険度
子だくさん度
親戚の多さ
知名度

↑窓は1箇所だけではありません。1つの実には、3つも窓があるんです。これで360度、タネをまき散らすことができます。

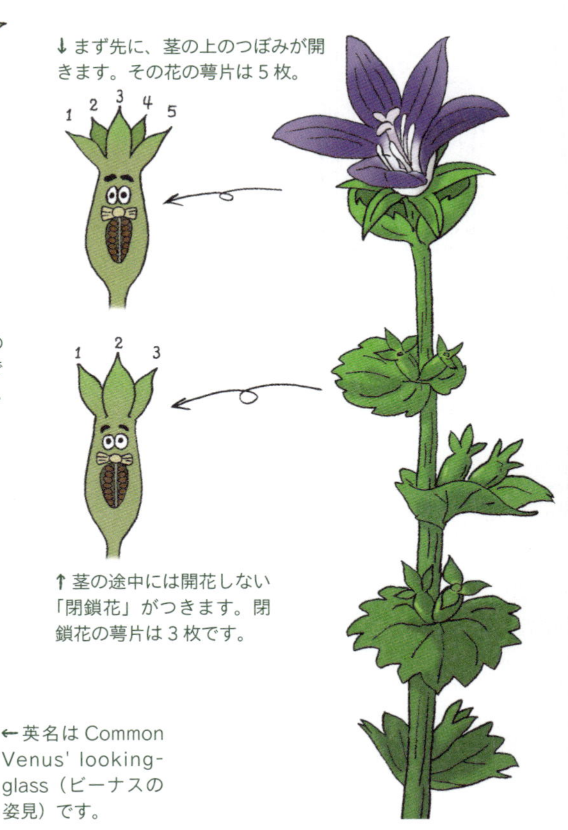
1
2
3
4
5
1
2
3

↓まず先に、茎の上のつぼみが開きます。その花の萼片は5枚。

↑茎の途中には開花しない「閉鎖花」がつきます。閉鎖花の萼片は3枚です。

←英名はCommon Venus' looking-glass（ビーナスの姿見）です。

北アメリカ原産の一年草で、直立する茎に丸っこい葉が段になってつき、そのわきにつぼみがつきます。キキョウに似てきれいな小型の花が咲くのを待っていると、あれ、もう実になってる?

高さ30cmほどに育ってやっと花が咲きました。それ以前は、つぼみの形のまま実を結ぶ「閉鎖花（へいさか）（108頁）」だったのです。キキョウソウは、はじめは省エネかつ確実に実を結ぶ閉鎖花で来年度の存続を保証し、その後できれいな花で虫を呼んでさまざまな遺伝子をもつタネをつくるという戦略なのです。

さて、この後がおもしろい。先端に萼（がく）をつけた実をよく見ると、不思議、壁面に楕円形の小窓ができ、するするとブラインドが巻き上がります。タネは窓からこぼれ、水や土と一緒に人や車について運ばれます。

二年草（帰化）
虫媒花

メマツヨイグサ

Oenothera biennis

family: アカバナ科 | genera: マツヨイグサ属

風散布・種子、微細蒴果、上部が４裂する

パラパラまいてチャンスを待つ

→細かいタネが風に吹かれてこぼれ落ちる様子は、塩とコショウをかけているみたい。

パッパッ

NO.23

PROFILE

出身地	北アメリカ
住まい	野原や空き地、道端
誕生月	6～10月
成人時期	9～12月
身長	1㎜（種子） 3㎝（実）

食 薬 染 観 遊 他 種子は薬用。種子を搾った油は化粧品やサプリメントなどに人気。

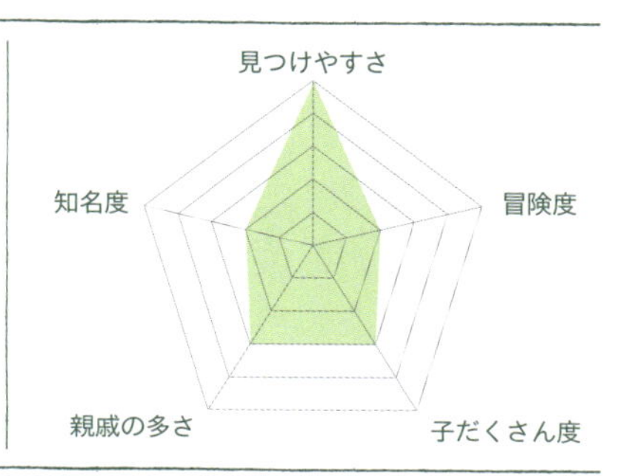
見つけやすさ
冒険度
子だくさん度
親戚の多さ
知名度

↑実の中はタテに４つの部屋に分かれていてタネがぎっしり詰まっています。実が熟すと、先端が半分ほど裂けて、開きます。風が吹くとそこから細かいタネがパラパラと散ります。

↓5cmもある長い花筒に甘い蜜がたまっています。夜に咲く花なので、ごちそうが吸えるのは長いストローをもつ大型のガの仲間。宵（夕方のこと）を待って咲くので、待宵草の和名がつけられました。

↑環境が変化して明るくなったら目を覚まし、一斉に育って群落をつくります。

↑落ちたところが暗いと、タネは休眠します。

パタパタ

↑タネは薬用とされ、エキスは美肌化粧品に使われることもあります。

北アメリカ原産の二年草で、荒れ地や道端に群生しています。淡黄色の花は、日没後に開いて朝にしぼむ一夜の命。夜の間にガが訪れて花粉を運びます。

花の根元の膨らんだ部分が実に育ちます。薬のカプセルのような形で、細かい毛が密生しています。内部は縦に4つの部屋に分かれ、それぞれに小さなタネがぎっしり詰まっています。

熟すのは秋。硬く乾いた果皮は先端から半分ほどまで口が裂けます。強い風にあおられるたび、茎は小刻みに揺れて、小さなタネを振り出します。草原の植物には、同様に細かいタネを多数まくものが多く見られ、私はこれを「塩コショウ方式」と呼んでいます。

タネは開けた地面で芽を出します。暗い環境だと何年も何十年も休眠してチャンスを待ち、条件が好転して光を感じると目を覚ますのです（80頁）。

Column 4

タネは時空を超えるマイクロカプセル

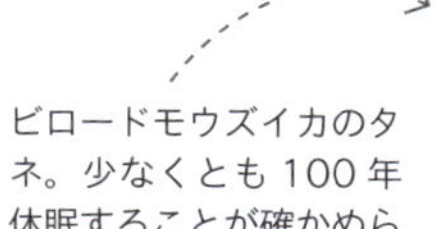

空き地に生えたビロードモウズイカ（ゴマノハグサ科）。ヨーロッパ原産の帰化植物で高さ 2m にもなります。

100年

ビロードモウズイカのタネ。少なくとも 100 年休眠することが確かめられています。

ビロードモウズイカの花。もともと環境悪化の激しい河原などに生える植物です。

タネは空間を移動するだけではありません。タネは時間を超える旅もします。大人の植物だったら耐えられないような冬の寒さやカラカラの乾燥も、あるいは真夏の暑さも、小さなタネは眠ったまま軽々と飛び越えて、ちゃんと芽を出すのです。それも、1シーズンだけでなく、何年も何十年も待った後に芽を出すことだってあるのです。

たとえば市街地でビルや家が取り壊されると、更地になったとたんに、さまざまな雑草が生えてきます。そのタネはどこから来たのでしょう？新しく風や鳥に運ばれてきたタネのほかに、何十年も前の、ビルや家が建つずっと前から土の中に埋まっていたタネもいるはずです。雑草のビロードモウズイカのタネは100年、メマツヨイグサ（78頁）のタネも少なくとも80年は、眠って生きていることが確かめられています。

眠っている間も、タネのセンサーはあたりを見張っています。そして、明るくなったとか、地表の温度が高くなったといった環境の変化を鋭く感

1300～1400年

「行田ハス」のタネ。造成工事で掘り起こされて芽が出ました。

千葉県行田市で発見された古代ハス。約1300～1400年前のタネから開花しました。

オニバス。大きな葉に荒々しい突起があります。すでに絶滅したと思われていた地域でも、水底の泥の中の休眠種子が目を覚ましてよみがえった事例があります。

80年

空き地に生えたメマツヨイグサ。タネは80年の休眠に耐えます。

知して、「よし、今だ！」とばかりに芽を出します。先に葉を広げたライバルがいるかいないかを探知するセンサーも植物は備えています。葉を通過してくる光と直射光とで、波長の割合が異なることを利用して、勝ち目がないときには眠ってチャンスを待つのです。

あなたの足元の地面の下にも、無数のタネが眠っています。もしかしたら、すでに絶滅したとされる植物のタネも、そっと気づかれぬまま、土の中で生きているかもしれません。実際に、湖の水底の泥を浚渫（しゅんせつ）したところ、その泥を貯めていた水たまりから、すでにその地域では姿を消していたオニバスが芽を出したという例もあります。

大人の植物、子どもの植物、そして眠っている無数のタネたち。これらが何十年、何百年という大きなサイクルでゆるやかに世代をつなぎながら生きています。タネは空間的な移動だけでなく、時間をも自在に移動します。ヒトも含めて動物は現在という時間にしか生きられませんが、植物はタネという形で未来へも命を送っているのです。

二年草
虫媒花

フデリンドウ

Gentiana zollingeria

family: リンドウ科 | genera: リンドウ属

雨滴散布・種子、微細
蒴果、上部が2裂する

雨待ち顔のろくろっくび

ニュ〜

→花のあと、実の柄がニューッと伸びます。

NO. 24

PROFILE

出身地	日本
住まい	野山の明るい林や草地
誕生月	4〜5月
成人時期	5〜6月
身長	0.3mm（種子） 1cm（実）

食 薬 染 観 遊 他

春の季語。種子発芽後は菌類と共生して育つため、栽培は難しい。

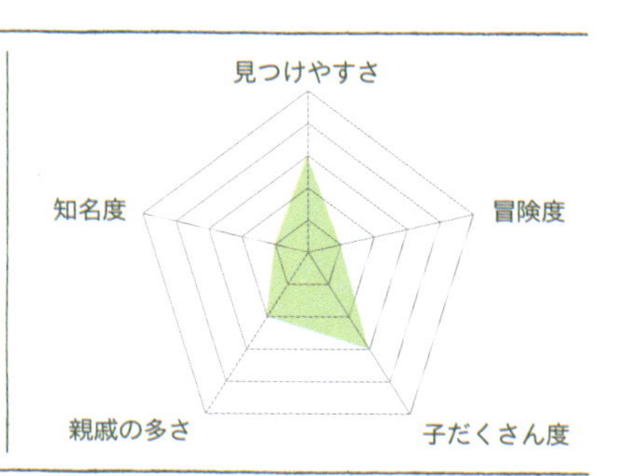
見つけやすさ
冒険度
子だくさん度
親戚の多さ
知名度

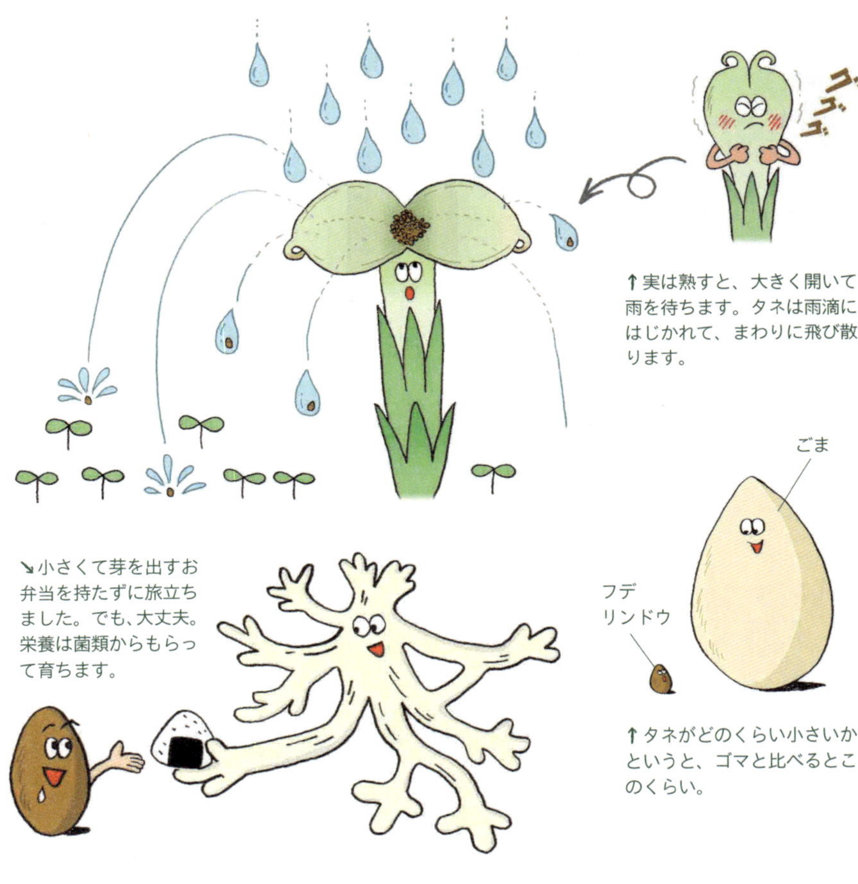
ググ
ごま
フデ
リンドウ

↑実は熟すと、大きく開いて雨を待ちます。タネは雨滴にはじかれて、まわりに飛び散ります。

↘小さくて芽を出すお弁当を持たずに旅立ちました。でも、大丈夫。栄養は菌類からもらって育ちます。

↑タネがどのくらい小さいかというと、ゴマと比べるとこのくらい。

細い茎から立ち上がるつぼみの様子を絵筆にたとえてフデリンドウ。リンドウは秋の花ですが、こちらは春に咲く花です。空を見上げて咲く可愛い花。でも、そのあとがびっくりです。花びらの中から、細い首がニューッと伸びて、大きな口を「がばーっ」。

リンドウの仲間は、花が終わると子房が花びらの外へと長くのびだします。フデリンドウでは、その先端が空を仰いで大きく開きます。そこにはてんこ盛りの小粒のタネ。タネが待つのは雨の直撃。雨粒の力を借りて、あたりに弾け散ろうというわけです。

タネはごく小さく、栄養も詰まっていなさそう。そこで土の中の菌類に栄養をもらって助けてもらっています。ろくろっくびの実、雨粒で飛び散るタネ、菌類とのつきあいと、可愛い花の意外な素顔なのでした。

一年草（園芸）
虫媒花

マツバボタン

Portulaca grandiflora

family: スベリヒユ科　genera: スベリヒユ属

雨滴散布・種子、微細蓋果、上下に割れる

雨に弾けて飛ぶんダネ！

雨だ～!!
やった～!!
ビョ～ン
飛ぶぞ～!!
ビョ～ン

NO.25

PROFILE

出身地	ブラジル・アルゼンチン
住まい	庭や公園の花壇
誕生月	7～9月
成人時期	8～10月
身長	0.7㎜（種子 0.5㎝（実）

食 薬 染 観 遊 他　花壇や庭の観賞植物。雄しべに触ると動くのも面白い。

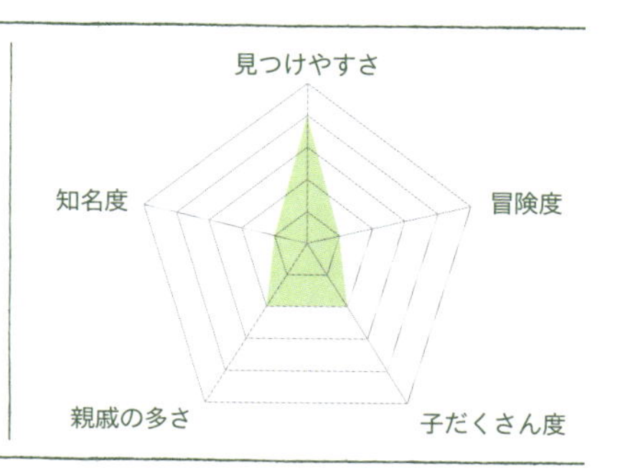

見つけやすさ
冒険度
子だくさん度
親戚の多さ
知名度

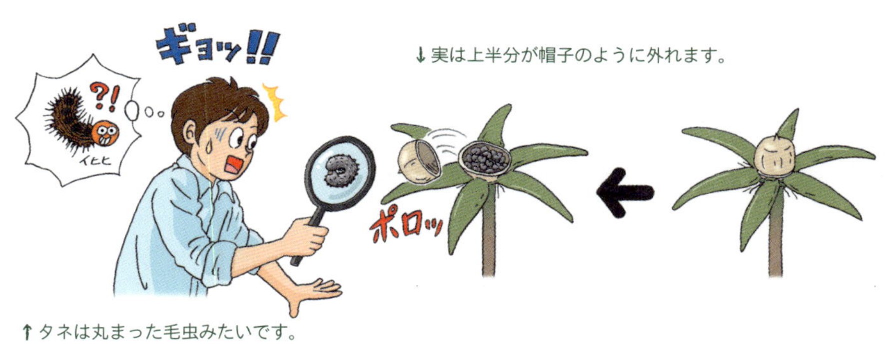
ギョッ!!
?!
イヒヒ
ポロッ

↓実は上半分が帽子のように外れます。

↑タネは丸まった毛虫みたいです。

↓花は一日花で、朝開いて夕方しぼみます。

→実はドームのような形をしています。

←マツバボタンは南アメリカ原産の一年草。暑く乾いた土地で適応進化した植物で、葉は多肉化しています。

牡丹のように華麗な花の小さな園芸植物で、暑さや乾燥に適応した多肉の葉と光合成の仕組みを備えています。よくこぼれダネで増えますが、どのような実やタネをつけるのでしょう？

秋、茎の先に実ができていました。ドームテントのような形で、横腹にぐるっと一周、裂けめがあります。指でつつくと、ふたが取れるみたいに、2つに割れてしまいました。このような実を「蓋果（がいか）」といいます。

中からは多数の黒い小さな粒が。これがタネで、直径0.5㎜ほど、表面には小さな隆起が何列も並んでいて、丸まった毛虫みたいです。

雨が降ると、お椀の形になったマツバボタンの実には水がたまり、タネも水浸し。ぴちゃん！　雨粒の直撃を受けた次の瞬間、タネも一緒に飛び散りました。雨を利用するタネなのです。

Column 5

雨に打たれたい！

アリよりも小さなミクロの世界の生きものたちにとって、空から落ちてくる大粒の雨は、まるで爆弾、破壊的な脅威です。でも、その破壊力を逆に利用する巧者もいます。フデリンドウやマツバボタンをはじめとする「雨滴散布種子」の植物です。

ユキノシタ科のチャルメルソウやネコノメソウの仲間は、いずれも丈の低い草花で、花が終わると小さなタネが入った実の器を空に向かって捧げ持ち、恵みの雨を待ち受けます。どのタネも長さ1㎜未満ととても小さく、雨粒の直撃を受けて四方に飛び散ります。

コチャルメルソウ

実は梅雨時に熟すとお椀の形に開きます。タネは流線形をしています。

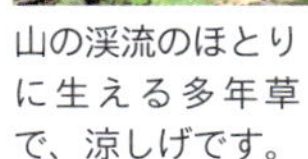

山の渓流のほとりに生える多年草で、涼しげです。

花は早春に咲き、魚の骨のような花びらがユニークです。

ユウゲショウ

南米原産の帰化植物で空き地や道端に生えます。実は熟すと上半分が４つに裂け、雨に濡れると大きく開いて、タネが雨滴に弾かれます。乾くと果皮が縮んで実は閉じます。

開いた実と中のタネ。

ユウゲショウの花。

ヤマネコノメソウ

ブーケのように見えるヤマネコノメソウの実とタネ。

野山に生える小さな草。花は早春に開き。実は３月下旬～５月に熟してお椀のような形に裂開します。細かいタネは雨粒にあたって弾け散ります。

4章

ぬれるんダネ

nurerundane

雨にはじかれたり、海や池、川などで、水に浮いたり流されたりして運ばれる実やタネです。空気を含んだ軽い素材で種をくるみ、時には海流に乗って数千キロも旅をします。一方、水底に根を下ろしたいハスやヒシの実はぶくぶく水に沈みます。

花と実

一年草
虫媒花

クサネム

Aeschynomene indica

family: マメ科 | genera: クサネム属

水散布・果実、コルク質
節果、節ごとに分かれる

コルクのボートのバラバラ事件

ふわぁ〜

→実のさやはコルク質。1部屋に1人ずつ、部屋をあてがわれています。

NO.26

PROFILE

出身地	日本
住まい	水辺の野原や田んぼ
誕生月	7〜10月
成人時期	9〜11月
身長	3mm（種子） 3cm（実）

食 薬 染 観 遊 他

被害の大きな水田雑草。脱穀した米粒に黒い種子が混ざりやすい。

見つけやすさ
冒険度
子だくさん度
親戚の多さ
知名度

↑ネムノキによく似た葉をもっている草だからクサネム。夜はネムノキと同様に葉が閉じます。

↓プカプカ浮かぶボートに集って、タネは水面を漂流します。

↓たとえ沈んでも水底で芽生え、双葉が浮き輪代わりになって上陸します。

クサネムは里の水辺に生えるマメ科の一年草。葉は細かく並んだ羽状複葉で、ネムノキやオジギソウに似ています。夏から秋に淡黄色の小さな花が咲き、緑色のさやが次々に育ちます。さやは3〜8つくらいの節にくびれ、各節に1個ずつタネが入っています。

さやは熟すとコルク質となって茶色くからからに乾きます。地味で目立たない草の実ですが、これがじつにおもしろい。触ったりつまんだりするだけで、たちまち節々で分解します。まるで、バラバラ分解事件!

さやの断片は水に浮いて漂い、どこかの岸に流れ着きます。水に浸ると数日でタネは発根し、それが浅瀬で錨（いかり）の役割を果たします。たとえさやが沈んでも、双葉が開くとそれが浮きとなり、水面に戻って浮遊します。こうしてクサネムは水辺でたくましく育つのです。

ジュズダマ

Coix lacryma-jobi

多年草（帰化）
風媒花（雄花と雌花）

family: イネ科 | genera: ジュズダマ属

水・人為散布・果実
苞鞘、硬い苞に包まれる

→ジュズダマの色はさまざま。実のように見えますが、これは葉が変化してできた「苞鞘」。この苞鞘の中で実は守られて育ちます。

おしゃれなビーズは子育てシェルター

NO. 27

PROFILE

出身地	熱帯アジア
住まい	水辺の野原や空き地
誕生月	8～10月
成人時期	9～12月
身長	6㎜（種子） 1㎝（実）

食 薬 染 観 遊 他　硬い苞鞘は数珠や装飾材料に。実の柔らかな栽培種がハトムギ。

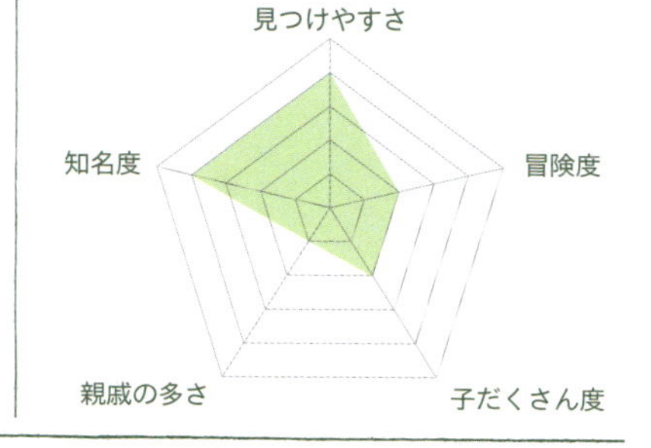
見つけやすさ
冒険度
子だくさん度
親戚の多さ
知名度

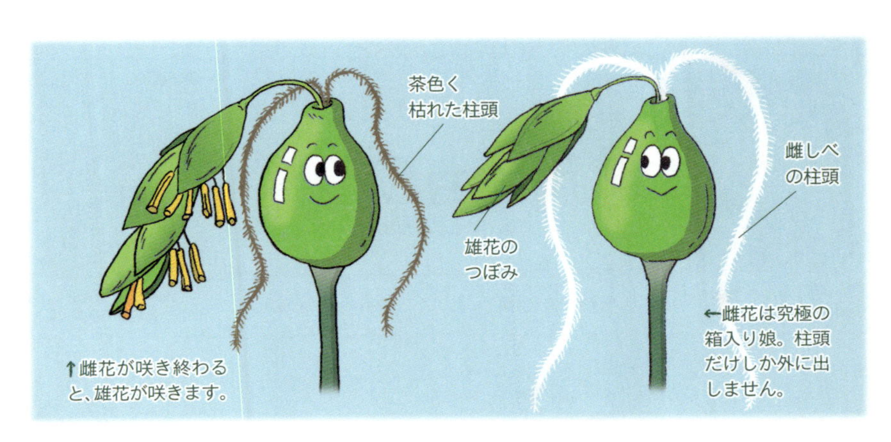
茶色く
枯れた柱頭
雌しべ
の柱頭
雄花の
つぼみ

↑雌花が咲き終わると、雄花が咲きます。

←雌花は究極の箱入り娘。柱頭だけしか外に出しません。

↑ジュズダマは水辺によく見られます。実が熟すと苞鞘ごと水に落ちて、流されていきます。

→苞鞘は、穴が貫通しているので針が通ります。糸でつなげばネックレスに。

集めて遊べる天然のビーズ。硬く光る実の中心に穴が貫通し、糸を通すと数珠やネックレスになります。古い時代に有用植物として渡来して空き地などに野生化し、タネが水に運ばれるので里の水辺でよく見られます。

硬い殻の部分は、花を包む葉がしずく型に変形したもので「苞鞘（ほうしょう）」といい、内部に雌花が入っています。雄花の房はてっぺんの穴から伸び出て咲き、風に花粉を飛ばします。雌花は白い柱頭部分だけを外に出して受粉すると、栄養豊富な穀粒をネズミの食害から守って終始安全なシェルターの中で育てます。茶の原料となるハトムギは、苞鞘の硬くならない栽培種です。

硬い実を金槌で叩いて割り、穀粒を取り出してみました。一時間ほど労働しておちょこ一杯。米に混ぜて炊いてみたら弥生時代の香りがしました。

多年草（園芸・帰化）
虫媒花

キショウブ

Iris pseudacorus

family: アヤメ科 | genera: アヤメ属

水・人為散布・種子
蒴果、先端が３裂する

水辺を漂うタネの缶詰

↑原産はヨーロッパ。園芸植物として日本に運ばれてきました。

NO. 28

PROFILE

出身地	ヨーロッパ
住まい	野山や公園の水辺
誕生月	5～6月
成人時期	9～10月
身長	7㎜（種子） 6㎝（実）

食 薬 染 観 遊 他

花が美しく栽培されるが、各地で野生化して生態系への影響懸念。

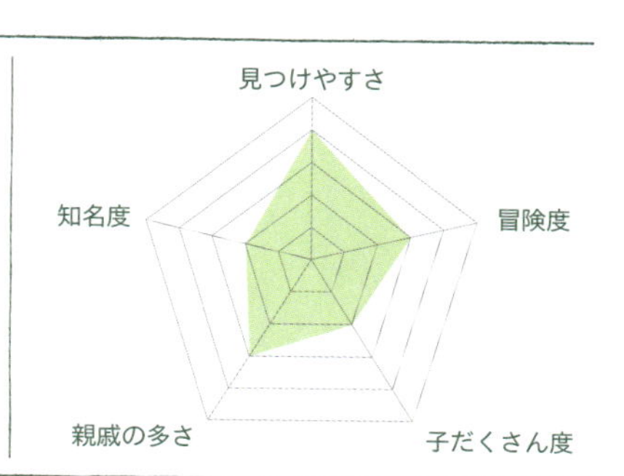

見つけやすさ
冒険度
子だくさん度
親戚の多さ
知名度

種皮
すき間
胚乳
↑厚くて硬い種皮と胚乳の間には、すき間があり、空気が詰まっています。これが浮きになります。
↓水辺に生え、実が熟すと、缶詰のような形のタネが水面にこぼれ落ちます。
↓タネは水にぷかぷか浮き、岸に流れ着いて芽を出します。
BEER

ハナショウブに似た黄色い花で水辺を彩るキショウブは、明治時代に観賞用に導入されたヨーロッパ生まれの外来種です。

花が終わると緑色の実ができます。若い実は形も大きさもオクラみたい。夏にはだらりと重そうに垂れ下がり、秋に熟すと先端から3つに裂けます。実の内部は3部屋に分かれていて、それぞれにタネがぎっしり並び、端からバラバラと水面にこぼれます。

タネの形はツナ缶にそっくり。硬く頑丈で、しかも軽い。切ってみると内部に空気を蓄えた大きな空洞がありました。タネは水に浮いて移動し、明るい水辺で芽を出します。

これが旺盛な繁殖力の秘密。今では各地の水辺に進出して野生化し、生態系に影響を及ぼすとして、環境省の重点対策外来種に指定されています。

ぷかぷか浮かぶ

漂着種子コレクション

原寸大

浜辺を歩いて流れ着いたものを拾い集めるのは宝探しの楽しさです。貝殻や海藻、漁具などに混じって、木の実やタネも見つかります。いずれも海岸や水辺に生える植物で、軽いコルク質など海水に浮くしくみをもっています。はるか南の島から海流に乗って流れ着くこともあります。

ハテルマギリ
アカネ科
石垣島以南に生え、実は繊維質で水に浮きます。

サガリバナ
サガリバナ科
琉球列島に生育し、夜に白い花が咲きます。

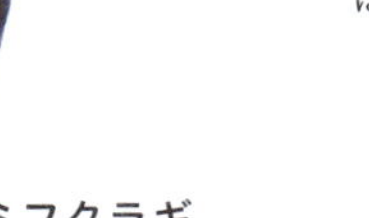

ツルナ
ハマミズナ科
海岸の砂地に生え、葉は野菜とされます。

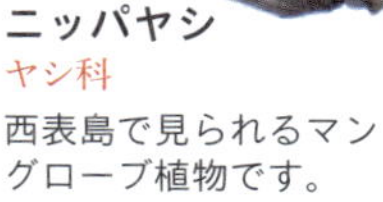

ニッパヤシ
ヤシ科
西表島で見られるマングローブ植物です。

ミフクラギ
（オキナワキョウチクトウ）
キョウチクトウ科
赤い果皮は漂う間に剥げてコルク質が残ります。

サキシマスオウノキ
アオイ科
巨大な板根が有名です。実の形はウルトラマンに似ています。

ココヤシ
ヤシ科
特大の漂流種子。熱帯でココナッツ原料として栽培されます。

クロヨナ
マメ科
マメのさやは硬く乾き、海流で運ばれます。

イボタクサギ
シソ科
丸い実は４つに分解し、水に浮いて運ばれます。

モダマ
マメ科
硬いマメで、海流に乗って何千キロも運ばれます。さやもコルク質で水に浮きます。

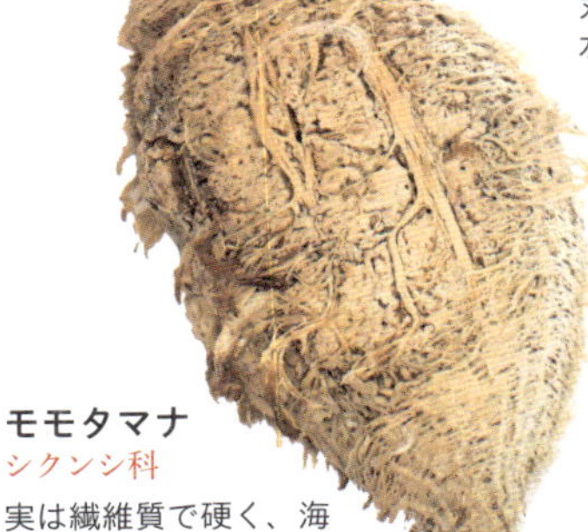

モモタマナ
シクンシ科
実は繊維質で硬く、海流で運ばれます。

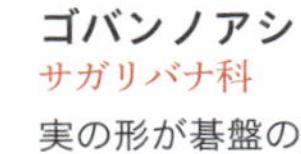

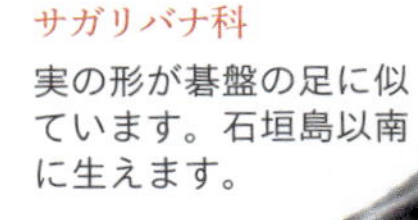

ゴバンノアシ
サガリバナ科
実の形が碁盤の足に似ています。石垣島以南に生えます。

ハマダイコン
アブラナ科
ダイコンに近い海岸植物。実はくびれてちぎれ、水に浮きます。

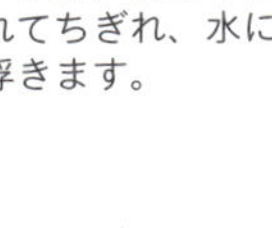

ハマゴウ
シソ科
砂浜に生えます。かわいい実で、よい香りがします。

水生一年草
虫媒花

ヒシ

Trapa japonica

family: ミソハギ科 | genera: ヒシ属

水・付着散布・果実
核果、2か4本の鋭いトゲ

水底に刺さるまきビシのトゲ

ヒッ
ヒッ
ヒッ

NO. 29

PROFILE

出身地	日本
住まい	池や水路
誕生月	7～10月
成人時期	10～11月
身長	2.5～6㎝（トゲを含めた実）

食 薬 染 観 遊 他　若い実を採って種子を食べる。栽培もされる。昔は忍者のまきビシに。

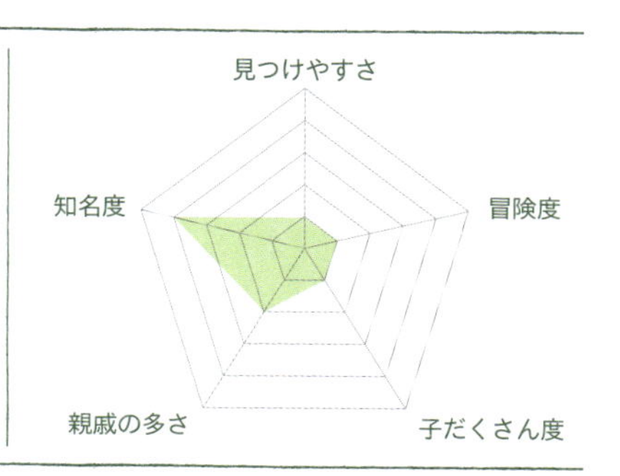
見つけやすさ
冒険度
子だくさん度
親戚の多さ
知名度

↓葉柄はふくらんで浮きになります。熟して沈んだ実から芽が出ます。

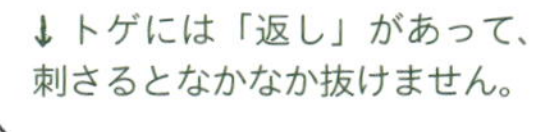

↓トゲには「返し」があって、刺さるとなかなか抜けません。

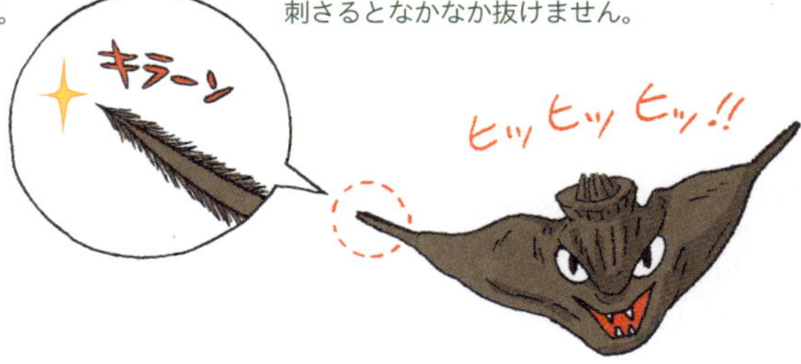
キラーン
ヒッヒッヒッ!!

↓忍者の武器になりました。

ササッ
うっ!!
撒きビシ
オニビシ
ヒメビシ

↑トゲは4本あって立体的。

ムグムグ

↑ゆでて中身を食べます。クリに似た味がします。

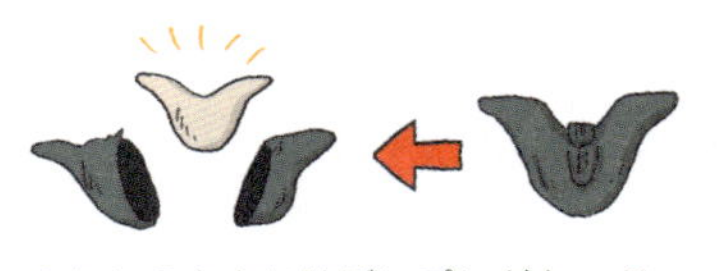

↑ヒシのタネにはデンプンがたっぷり。水底から長い茎を伸ばすエネルギー源です。

トウビシ

↑食用の栽培種で、実は大きく、とがったトゲがありません。

ヒシは池や水路の水草で、水底から長い茎を水面まで伸ばして、ひし形の葉を放射状に浮かべます。一年草で、秋には鋭いトゲをもつ硬い実を残して株は枯れ、春にタネから再出発します。

ヒシの実は熟すとすぐさま水に沈み、春に水底で発芽します。このとき、トゲは錨（いかり）の役割をします。タネはクリほどの大きさで、発芽のエネルギー源のデンプンを豊富に含んで食用になります。果皮は硬く頑丈で、萼（がく）が変形したトゲは2本。トゲは鋭くとがり、先端部に硬い返しが2列に並んでいるので刺さると大怪我をします。仲間のヒメビシやオニビシのトゲは4本で立体的なので、忍者はこれを敵前にまきました。「まきビシ」です。

洪水などで実が流されるほか、トゲが水鳥の羽毛に引っかかることで、ときには長距離を移動します。

水生多年草
虫媒花

ハス

Nelumbo nucifera

family: ハス科　genera: ハス属

水散布・果実
痩果、花床に埋もれて育つ

ハチの巣で育つは
よく眠るタネ

NO. 30

PROFILE

出身地	インド
住まい	公園や寺院の池、ハス田
誕生月	7〜8月
成人時期	9〜10月
身長	17㎜（種子） 15㎝（果托の直径）

食 薬 染 観 遊 他

地下茎がレンコン。花は観賞用。果托はドライフラワーに。種子も食用。

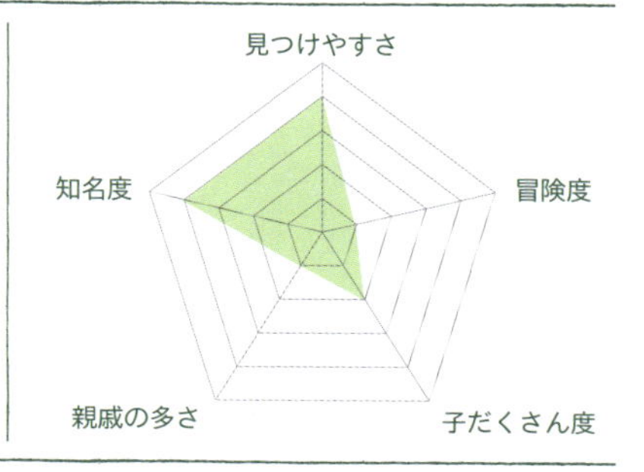
見つけやすさ
冒険度
子だくさん度
親戚の多さ
知名度

↓ 2000年の時を経て目覚めた実は、博士の名をとって「大賀ハス」と呼ばれています。

↓ 果托が下を向くと、熟した実が水中に沈みます。果皮が厚くて発芽しにくく、多くはそのまま眠りについて、長い時を過ごします。実は食用にもされます。

鎌倉時代あたり
弥生時代あたり
ほほう
ドボン
ZZZ…

↑ 大雨の後などは、水に流されて遠くまで運ばれることもあります。

極楽浄土に咲くというハスの花。その名は「蜂巣（はちす）」に由来します。

花の中心には円錐台の形をした「花托（かたく）」が立ち、その上面にじょうろのように穴があいています。その穴の奥に雌しべがあり、先端が顔を出して受粉します。花弁や雄しべが散ると花托は果托（かたく）と名を変え、穴の中で若い実を育みます。これがハチの巣にそっくり。

秋、果托の穴の口が開きます。個々の穴に実が1個ずつ入っていて、軸が枯れて折れると水面に落下します。実は非常に硬く、比重は水と同じか、やや重いくらい。水中をゆらゆら漂い、大雨の後などに流されて移動しますが、一部はそのまま水底で眠りにつきます。

2000年の時を経て目覚める眠り姫も。昭和26年に弥生時代の遺跡から発掘された1粒の実は、なんと芽を出して育ち、見事な花を咲かせました。

Column 6

海を漂う胎生種子

マングローブの植物

熱帯や亜熱帯の干潟や河口域にはマングローブの森が見られます。メヒルギやオヒルギはその代表的な植物です。普通なら漬け物になってしまう厳しい環境で、ヒルギ類は塩分を排出する特殊な機構や呼吸根を発達させて、海水に浸って生きています。

実やタネも特殊です。親植物についた実の中でタネは根を伸ばすのです。親の体内で発芽するので「胎生種子（たいせいしゅし）」と呼ばれます。幼根（ようこん）は緑色で太く、光合成を行います。長さ20cmほどに伸びると、ようやく親元を離れて落下します。胎生種子は波間を漂い、新しい場所で自立します。このとき、幼根の部分は塩分フィルターや酸素の供給という役割も果たして芽の成長を支えます。

▲沖縄本島のマングローブ林。潮が満ちると海水にどっぷりと浸かります。

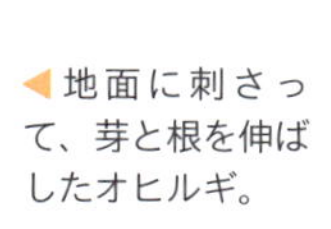

◀地面に刺さって、芽と根を伸ばしたオヒルギ。

▲マングローブの樹木の一種、メヒルギの実。

▶胎生種子は、カニの穴などに刺さって立ち上がると、芽が伸びて新しいヒルギに育ちます（写真はメヒルギ）。

▶オヒルギの実。赤いタコのような萼の下に伸びているのが幼根。

5章

爆弾ダネ

bakudan dane

自分から勢いよく種を飛ばす植物もあります。植物なのに動くとは不思議ですが、細胞が水を吸って膨らんだときの圧力や、乾くと植物繊維が縮むことをうまく利用して瞬間的に破裂します。この手の実やタネは草や低木に見られます。

多年草
虫媒花

別名：ミコシグサ

ゲンノショウコ

Geranium thunbergii

family: フウロソウ科 | genera: フウロソウ属

自動散布・種子（乾湿運動）
蒴果、5裂してめくれる

野原の剛腕ピッチャー

シュッ
ムン!!

→からりと晴れたある秋の日、ゲンノショウコはピッチャーに変身。

NO.31

PROFILE

出身地	日本
住まい	野山の草むら
誕生月	7～10月
成人時期	10～11月
身長	3㎜（種子） 2～2.5㎝（実）

食 薬 染
全草を干したものは下痢止めの薬。

観 遊 他
観賞用に植えられることもある。

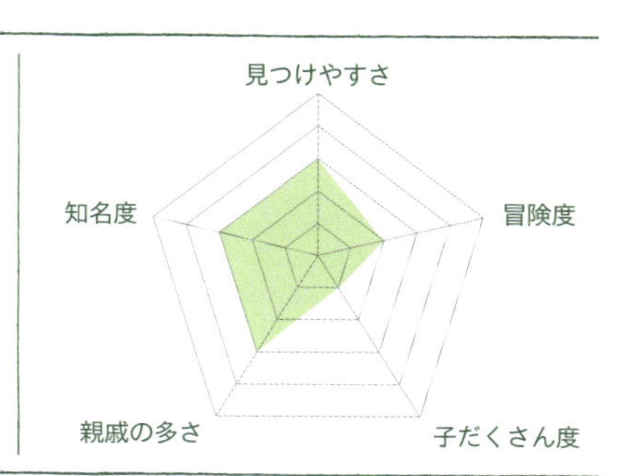
見つけやすさ
冒険度
子だくさん度
親戚の多さ
知名度

→熟すと黒くなり、背もぐ〜んと高くなります。実の根元にタネを抱えています。
←若い実は、背が低くて緑色。
↓投球は1人が合計5回まで。投げると腕がくるんと上がります。
ワッショイ
ワッショイ
→投げ終わった姿は、お神輿のようです。

人の名前みたいなゲンノショウコは昔から有名な薬草です。飲めば「現の証拠」に胃腸に効くのが名の由来。かわいい花には2色あり、西日本はピンク、東日本は白が多数派です。

秋にはロケットの形をした実が天に向かって並びます。じつは、この実は豪腕のピッチャーなんです。5本の腕ははじめ体にぴったり沿っていて、握った手の中でタネを育てています。タネを握る手が少し浮くのが、投球準備が整ったサイン。下手投げのポーズから、くるるん！　腕を一気に巻き上げると、タネは放物線を描いてピューン！　タネの数は全部で5個、ピッチャーは1個ずつ、5回投げます。全部投げ終わると、腕は5本とも上に上がります。「やったネ、バンザイ！」のポーズなのですが、祭りの神輿にも見えるのでミコシグサとも呼ばれます。

一年草（園芸）
虫媒花

ホウセンカ

Impatiens balsamina

family: ツリフネソウ科 | genera: ツリフネソウ属

自動散布・種子（膨圧運動）
蒴果、５つに裂ける

↓実は毛深くてジョリジョリしています。

じょり

夏に弾けるピチピチ娘

NO. 32

PROFILE

出身地	インド・中国
住まい	野山の草むら
誕生月	7～10月
成人時期	10～11月
身長	2㎜（種子） 2～2.5㎝（実）

食 薬 染 観 遊 他 花の美しい園芸植物。熟した実をつついて破裂させて遊ぶ。

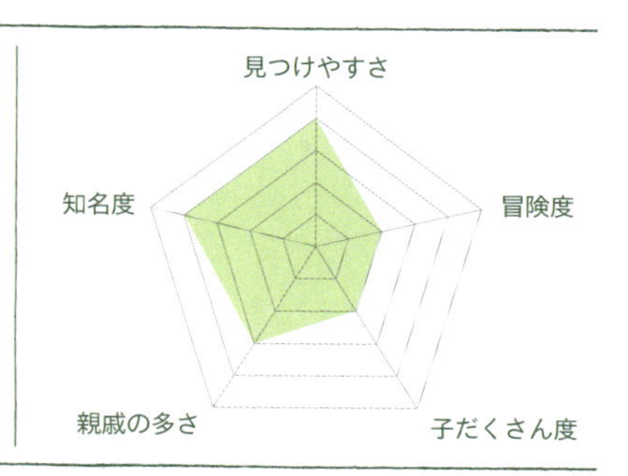
見つけやすさ
冒険度
子だくさん度
親戚の多さ
知名度

↓花からとれる色水で、爪を染めて遊びます。
↓英語の名前は「タッチミーノット（私に触れないで）」。
Touch me not!
パーン
ビクッ
→触れると実が勢いよく弾けます。

ホウセンカは理科の教科書にも出てくる庭の花。ひらひらしたドレスを夏の盛りに広げます。花びらで爪を染める遊びから「爪紅（つまくれない）」の呼び名も。

花は次々に咲いて実を結びます。大きく膨らんだ実に手が触れたとたん、パーン！　一瞬で実が弾けました！

仕組みはこうです。実の皮の外側の部分は、タネが熟した後も水を吸って伸び続け、そのため内側に巻き込もうとする力が生じます。限界を超えると実は破裂し、軸と裂けた皮とともにタネを弾き飛ばすのです。接触や風による振動も瞬間的破壊を誘発します。

英名はTouch-me-notつまり「私に触れないで」。花言葉も同じです。属名のインパチエンスは「忍耐できない」という意味で、同属のアフリカホウセンカ（インパチエンス）やツリフネソウも陽気で短気な元気娘です。

多年草
虫媒花(開放花と閉鎖花)

スミレ

Viola mandshurica

family: スミレ科 | genera: スミレ属

自動(乾湿)・アリ散布・種子
蒴果、3つに裂ける

ボートから飛んでアリ頼み

スミレ号

NO. 33

PROFILE

出身地	日本
住まい	野山の草地や道端
誕生月	4～6月
成人時期	5～10月
身長	1㎜(種子) 0.8㎝(実)

食 薬 染 観 遊 他

山野草として栽培される。花を砂糖漬けにしてケーキ材料。

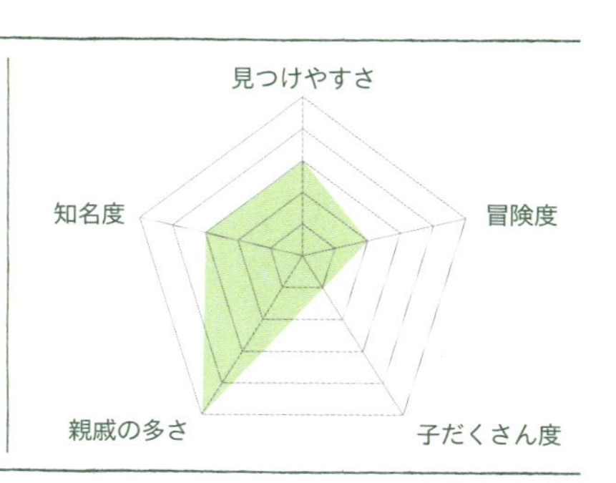
見つけやすさ
冒険度
子だくさん度
親戚の多さ
知名度

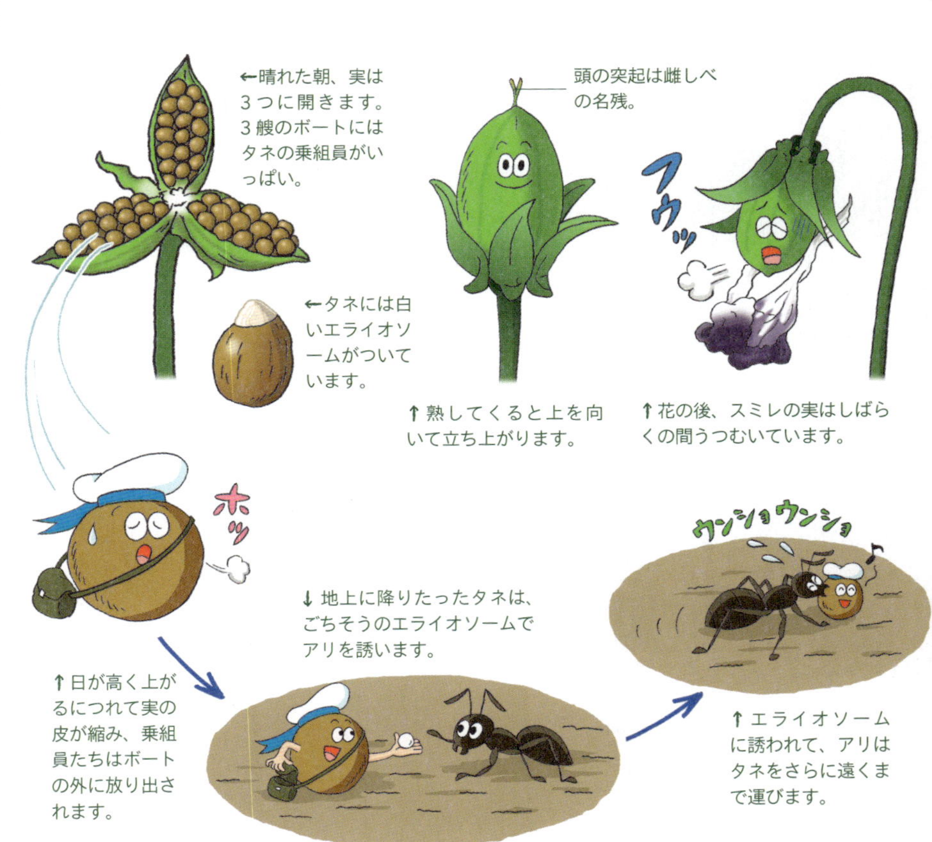
←晴れた朝、実は
3つに開きます。
3艘のボートには
タネの乗組員がい
っぱい。
←タネには白
いエライオソ
ームがついて
います。
頭の突起は雌しべ
の名残。
フウッ
↑熟してくると上を向
いて立ち上がります。
↑花の後、スミレの実はしばら
くの間うつむいています。
ホッ
↓地上に降りたったタネは、
ごちそうのエライオソームで
アリを誘います。
↑日が高く上が
るにつれて実の
皮が縮み、乗組
員たちはボート
の外に放り出さ
れます。
ウンショウンショ
↑エライオソーム
に誘われて、アリは
タネをさらに遠くま
で運びます。

スミレは春の野原のかわいいアイドル。花の濃い紫色が素敵です。花の季節はたちまち終わります。スミレの実は3枚の果皮が合わさったカプセル型で、先端に雌しべの名残がついています。最初は下向きですが、熟してくると上を向きます。

晴れた朝、実は裂けて広がり、3艘のボートがYの字に集まったような形になります。ボートには丸い頭のタネが超満員。果皮は次第に乾いて縮むため、ボートの幅は狭まります。すると、ぴん！　ぴん！　タネが1個ずつ、次々にボートの外に弾き出されます。飛距離は最大2mほど。タネには、アリを誘う脂肪酸を含む白い塊（エライオソーム）がついており、アリによってさらに運ばれます。

さらにタネをつくる裏技が。それが「閉鎖花」です（108頁）。

Column 7

開かない花「閉鎖花」

2通りのタネをつくるわけ

写真：田中肇

春に咲くスミレの花。花の時期が終わってからもじつは「閉鎖花」が秋までずっと咲いています。

開放花	美しい花びらをもつふつうの花のことです。美しさや蜜で虫を誘って受粉します。花びらのすじで蜜へと虫を誘導します。

子房（実になる部分）
雄しべ
雌しべ

開放花の内部。雌しべの柱頭と雄しべは離れています。

スミレの開放花。正面から見ると、雌しべの柱頭が目立ちます。

スミレの花咲く頃は春。でも、あれれ？ 花が咲いていない時期にも実ができています。よく見ると夏や秋にもつぼみができて、それが咲かないうちに、いつの間にか実が育っているのです。じつは、このつぼみのようなものも花。スミレは、春の花が終わった後、つぼみの形のまま受粉して実になる「閉鎖花（へいさか）」をつけるのです。

スミレの閉鎖花の内部では、雌しべと雄しべが接し、直に受粉が行われて結実します。花粉を運ぶ虫も必要ないので、花びらは退化しています。花粉も無駄なく受精に使われるので、雄しべの数も5本から2本に減り、花粉の数もごく少なくなっています。いわば自己完結型、かつ省エネ設計の花なのです。しかも結実率はほぼ100％。じつに効率的です。

花びらを広げるふつうの花は、閉鎖花に対して「開放花（かいほうか）」と呼ばれます。開放花は、花びらや雄しべや蜜などのコストが高くつく上に、虫に花粉を運んでもらえるチャンスも限られます。スミレの場合、開放花の結実率は30％程度にとどまります。

熟して開いた開放花の実。長い柱頭が残っています。

開放花の実（上）と閉鎖花の実（下）。柱頭の名残の長いほうが開放花由来です。

閉鎖花　花びらが退化して開かない花です。つぼみの内部で自ら受粉するので、昆虫を誘わなくても受粉が完了します。

閉鎖花

昆虫を誘わなくてもよい閉鎖花は、株の下の方にひっそりとつきます。不要となった花びらは退化し、一見つぼみのようです。

子房（実になる部分）
雌しべ
雄しべ

スミレの閉鎖花の内部。雄しべが雌しべにくっついて受粉が行われます。花びらはなく、雄しべの数も花粉も最小限です。

では、安上がりに効率よくタネをつくれる閉鎖花という手段があるのに、なぜスミレはコストと手間のかかる開放花を咲かせるのでしょうか？

問題はタネの中身にあります。虫がほかの花から花粉を運ぶ開放花からは、遺伝的なバラエティに富むタネができます。一方、閉鎖花からつくられるタネは親そっくりになります。

変化に富むタネをつくることは、新しい環境への進出や環境の変化、病原体の出現などに対して有利に働きます。一方、同じ遺伝子をもつタネを多数、確実につくれるなら、同じ場所、同じ環境で確実に数を増やすことができて、より広い面積を占められ、危険も分散することができます。

同じスミレ属のタチツボスミレ、アオイスミレなども開放花と閉鎖花の双方をつくります。2種類のタネをつくり分けて着実に子孫を残す、それがスミレの仲間の戦略なのです。

閉鎖花は、ほかにもホトケノザ、センボンヤリ、キツリフネ、ミゾソバ、フタリシズカなど、さまざまな分類群にわたって知られています。

多年草または一年草
虫媒花

カタバミ

Oxalis corniculata

family: カタバミ科 | genera: カタバミ属

自動散布・種子(膨圧運動)
蒴果、裂けめが入る

風船の破裂でレッツゴー！

NO.34

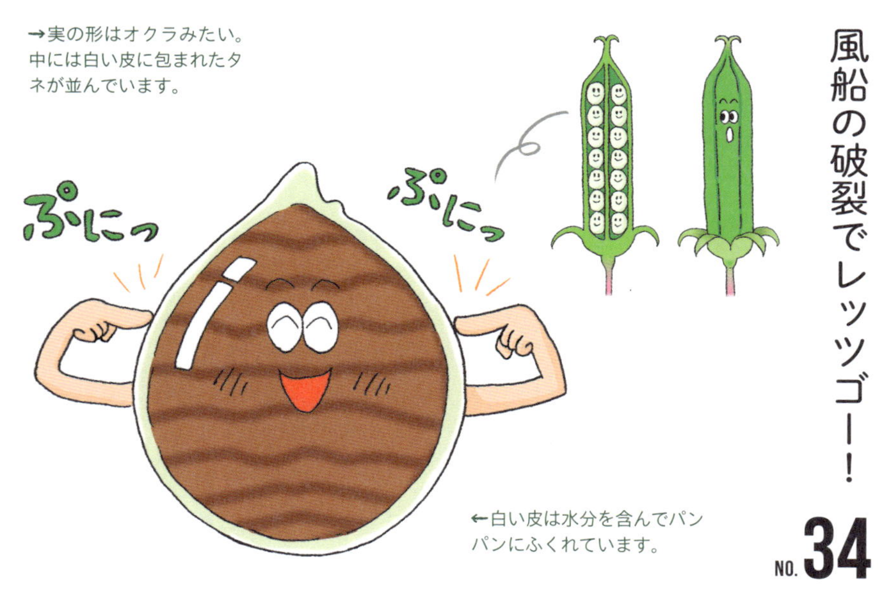
ぷにっ
ぷにっ

→実の形はオクラみたい。中には白い皮に包まれたタネが並んでいます。

←白い皮は水分を含んでパンパンにふくれています。

PROFILE

出身地	日本
住まい	道端や芝生のすきま
誕生月	4～11月
成人時期	5～11月
身長	1.5㎜(種子) 2㎝(実)

食
薬
染
観
遊
他

全体にシュウ酸を含み、昔は子供のおやつ。金属磨きにも利用された。

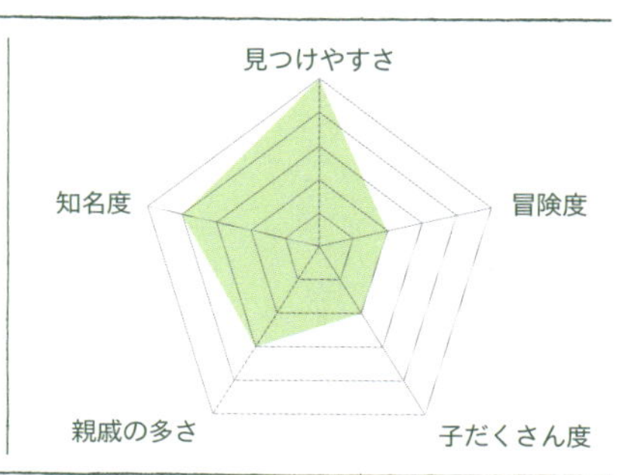
見つけやすさ
冒険度
子だくさん度
親戚の多さ
知名度

ペと
ピュ〜ン
クルッ
→水分の吸収が限界に達すると、皮は一気に裂けて裏返り、その勢いでタネが飛び出します。
↑飛び出したばかりのタネは表面が濡れていて、くっつきやすくなっています。
←服や靴にくっついたらしめたもの。さらに遠くまで運ばれます。

カタバミは庭や道端の小さな草です。葉は3つ1組のかわいいハート型で、夜は傘をすぼめたように閉じて眠ります。花は黄色で、野菜のオクラに似て小さな実を結びます。

熟した実に触れると、ピュ、ピュピュ！　タネが次々に飛び出します。よく見ると茶色いタネと白い皮が実の裂けめから飛び出しています。

タネを飛ばすしかけは独特です。タネを包んでいた弾力性のある皮が瞬間的に裏返り、反動でタネを弾き飛ばすのです。タネの初速は秒速1ｍを越し、飛距離は1〜2ｍにも達します。

もうひとつ工夫があります。皮が破れて飛び出したばかりのタネは表面が濡れていて、人や物に当たるとくっつくのです。近くに飛ぶだけでなく、人の服や靴にくっつくことでカタバミのタネはさらに遠くへと運ばれます。

越年草
虫媒花

別名：ヤハズエンドウ

カラスノエンドウ

Vicia sativa

family: マメ科 | genera: ソラマメ属

自動散布・種子（乾湿運動）
豆果、ねじれて裂ける

パチパチ弾ける真っ黒な豆

ガターー

→熟すとさやがはじけてタネが飛び出し、両側に大きく開いたV字になります。さやの裂片はくるくるとねじれ、ユニコーンの角を思わせます。

NO.35

PROFILE

出身地	日本
住まい	野原や道端、畑のまわり
誕生月	3～6月
成人時期	5～7月
身長	2.5㎜（種子） 2.5～5㎝（実）

食 薬 染 観 遊 他　若い実や葉は山菜として食べられる。

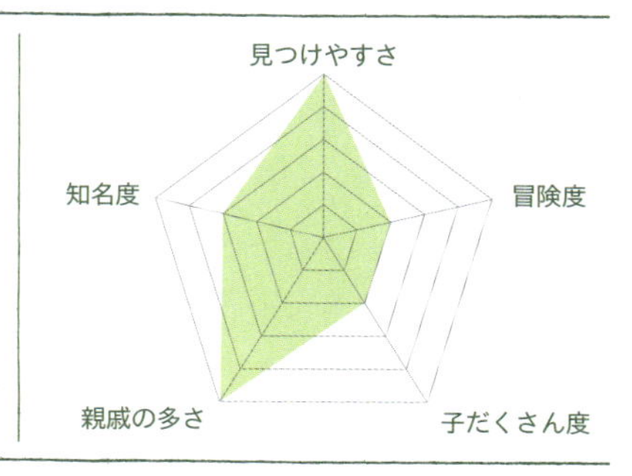
見つけやすさ
冒険度
子だくさん度
親戚の多さ
知名度

バチン
バチン
わーい!!
パチンッ
パチンッ
パチン
パンッ
おめでとー
イエーイ!!
パチンッ

←あちこちでいっせいにタネが飛び出すと、草むらでクラッカーを鳴らしているみたい？

カラスノエンドウのなかま

↓近い仲間で、より小型のスズメノエンドウは、小さなさやにタネが２個。タネが４個ずつなのはカスマグサ。「カ」ラスノエンドウと「ス」ズメノエンドウのちょうど中「間」サイズなので、ついた名前です。

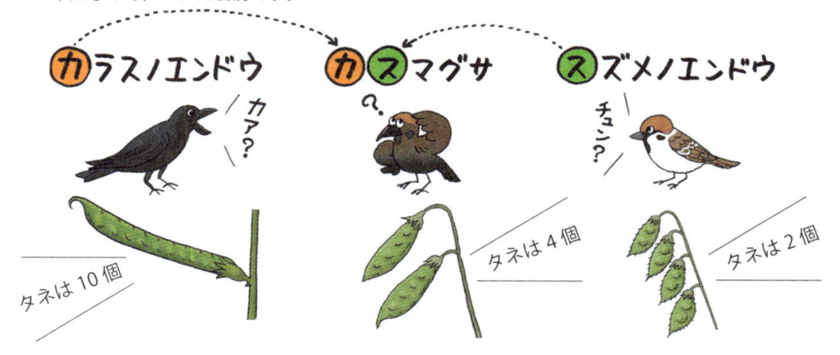
カラスノエンドウ
カスマグサ
スズメノエンドウ
カア?
?
チュン?
タネは10個
タネは4個
タネは2個

エンドウを小さくしたようなかわいい花。くるくると巻きひげをからめて春の草むらに茂ります。花の後にはミニさやエンドウ?ができ、若いうちは山菜として食べることもできます。

初夏、さやは真っ黒に熟します。名はカラスのように黒い実をつける野のエンドウという意味です。さやは次第に乾き、端にわずかなすき間が開くと次の瞬間、バチン！　一気に裂けて弾け、硬いタネを四方八方に飛ばします。晴れた初夏の日盛りには、草むらからパチン、パチンと破裂音が響きます。

弾ける仕組みはこうです。さやには斜め方向に繊維が並んでいるため、乾いて縮むとねじれが生じ、限界を超えると一気に破裂するのです。

さやの中には10個ほどの小さな豆粒。マメ科植物によくあるように、この豆も生で食べると有毒だそうです。

常緑広葉樹
虫媒花（雄花と雌花）

別名：ホンツゲ

ツゲ

Buxus microphylla

family: ツゲ科 | genera: ツゲ属

自動散布・種子（乾湿運動）
蒴果、３つに裂ける

タネを飛ばして仲良しミミズク3兄弟

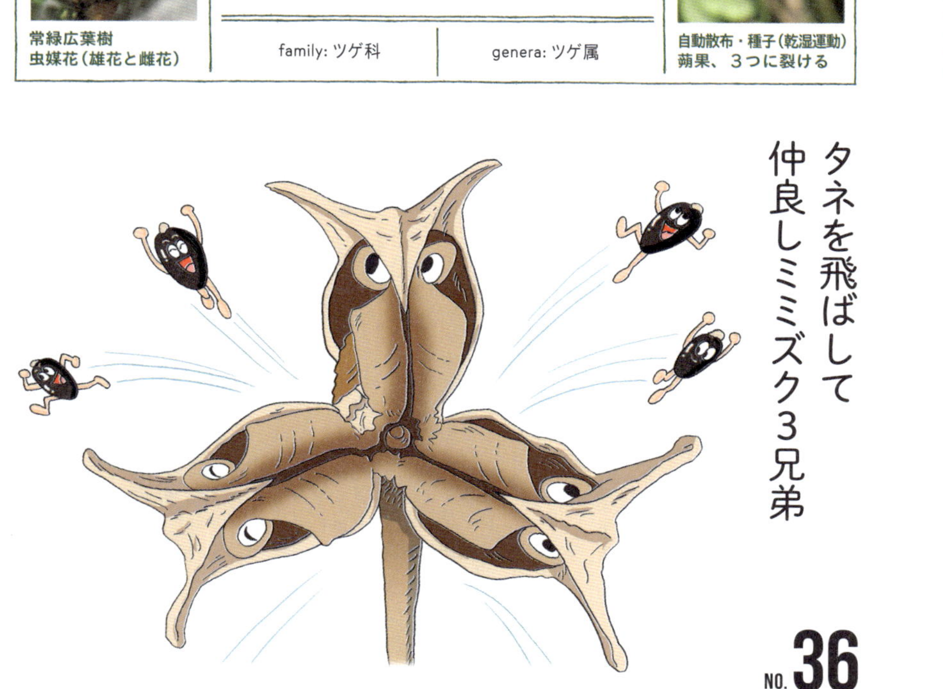

NO. 36

PROFILE

出身地	日本
住まい	庭や公園（野生は多くない）
誕生月	3～4月
成人時期	8月
身長	5㎜（種子） 1㎝（実）

食 薬 染 観 遊 他

庭木や植え込みに栽培される。材は高級な櫛に加工される。

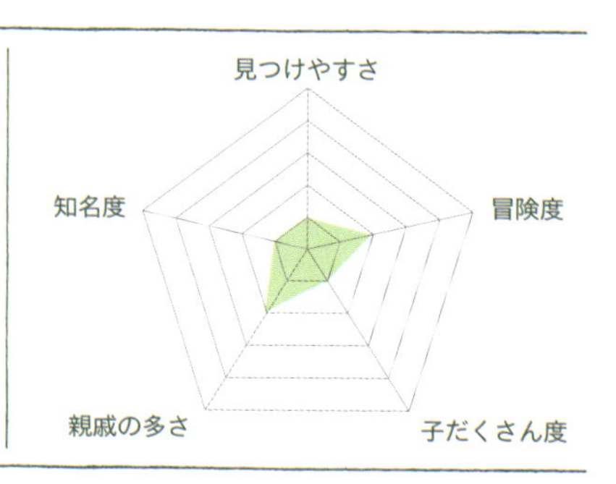
見つけやすさ
冒険度
子だくさん度
親戚の多さ
知名度

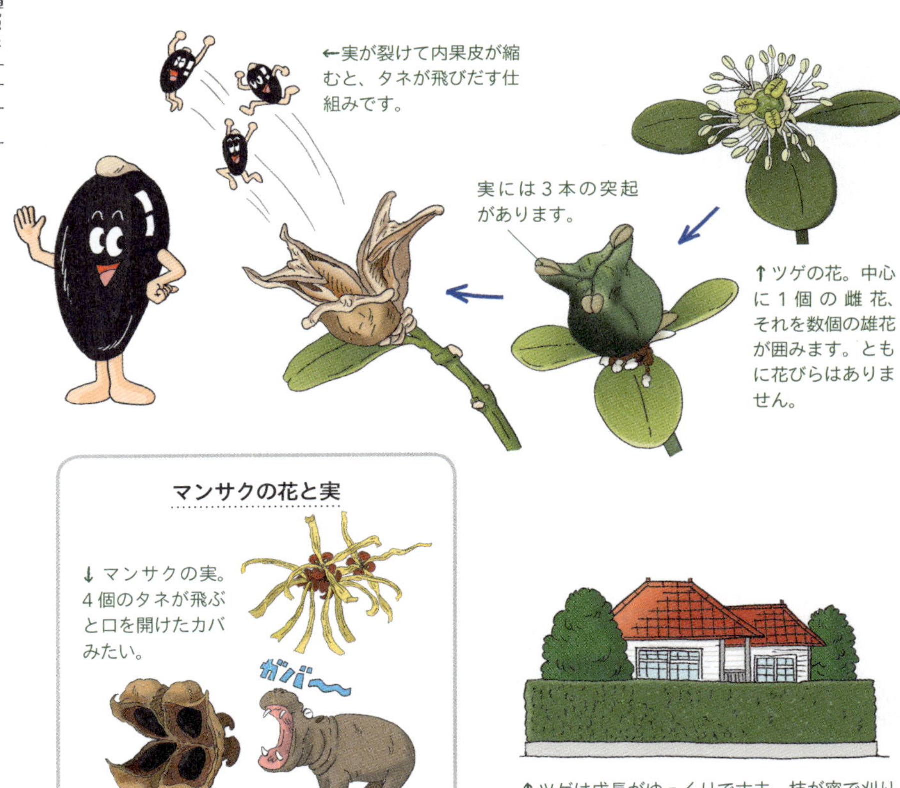

←実が裂けて内果皮が縮むと、タネが飛びだす仕組みです。
実には3本の突起があります。
↑ツゲの花。中心に1個の雌花、それを数個の雄花が囲みます。ともに花びらはありません。
マンサクの花と実
↓マンサクの実。4個のタネが飛ぶと口を開けたカバみたい。
ガバ〜

↑ツゲは成長がゆっくりで丈夫。枝が密で刈り込みに強いので、よく生け垣にされています。

とても楽しい実ですが、枝を刈り込むことが多く、実が見られたらラッキーです。実には3本の突起があり、夏に熟すと3つに裂けて口を開きます。でも、すぐにはタネは飛びません。外側は厚い外果皮で、その内側で、内果皮に包まれて黒いタネがスタンバイしています。内果皮は乾くにつれて収縮し、その力でタネを弾き出すのです。3個のタネが飛んだ後には、裂けた実が残ります。その形が、仲良しミミズク3兄弟に見えるのです！

早春に黄色い花を咲かせるマンサクの仲間も、同じ仕組みでタネを飛ばします。秋には、短い毛の生えた外果皮がまず上下に裂けて口を開き、タネを包んだ内果皮がのぞきます。内果皮が乾いて縮むと、2個のタネが次々に発射されます。後には、大きく口を開けたカバの顔！

一年草（帰化）
風媒花

別名：チャヒキグサ（茶挽草）

カラスムギ

Avena fatua

family: イネ科 | genera: カラスムギ属

自動散布・果実（乾湿運動）
穎果、ノギが動く

ゼンマイ仕掛けの回転ドリル

NO.37

PROFILE

出身地	ヨーロッパ・西アジア
住まい	野原や道端、畑のまわり
誕生月	5～6月
成人時期	5～6月
身長	10㎜（穎果）/3.5㎝（ノギを含めた穎果）

食
薬
染
観
遊
他

畑や道端の雑草だが、穎果が落ちた後の苞穎はドライフラワーになる。

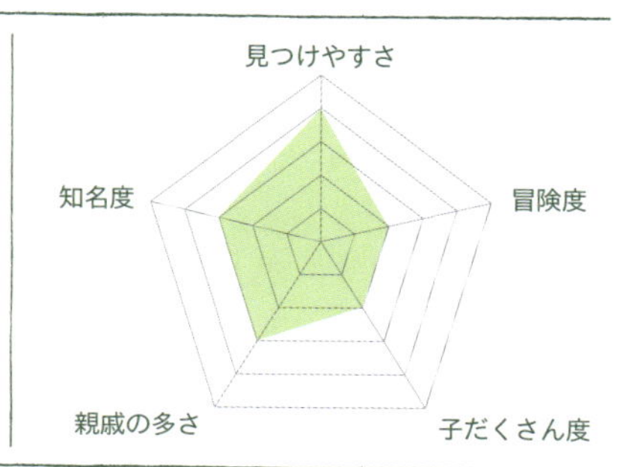
見つけやすさ
冒険度
子だくさん度
親戚の多さ
知名度

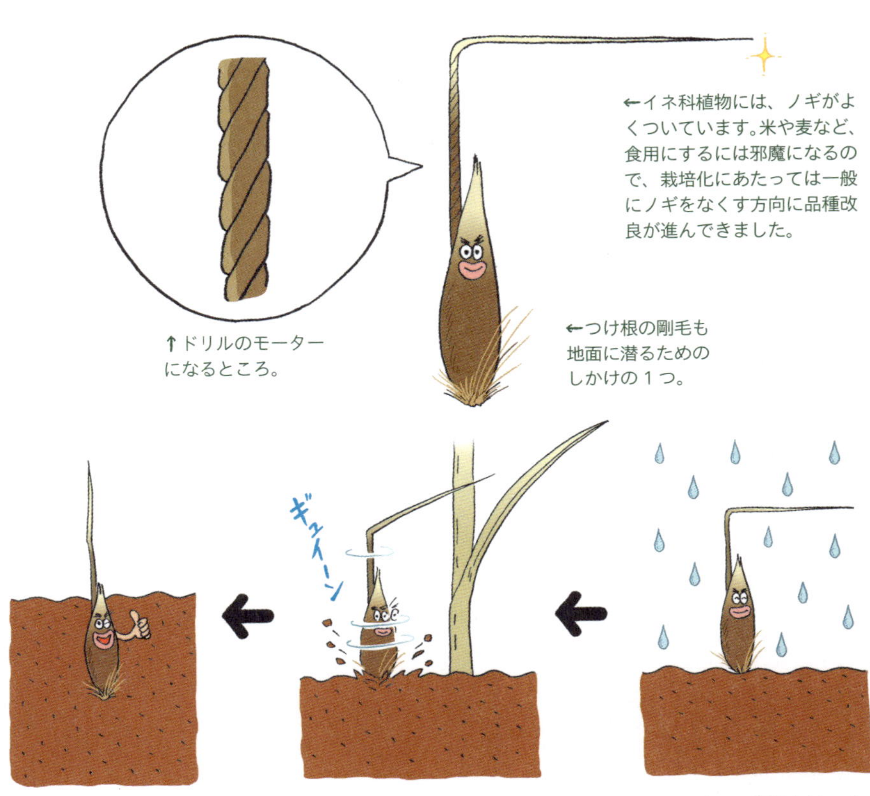
←イネ科植物には、ノギがよくついています。米や麦など、食用にするには邪魔になるので、栽培化にあたっては一般にノギをなくす方向に品種改良が進んできました。
↑ドリルのモーターになるところ。
←つけ根の剛毛も地面に潜るためのしかけの１つ。
ギュイーン

↑モーターの原動力は、ぐるぐるのねじれ。

↑雨が降ると、ねじれがほどけて、タネがぐるぐる回転します。

↑気がつけば、ほらこの通り。

野生のイネ科植物のタネには、ノギと呼ぶトゲがよくついていますが、このノギの役割は何なのでしょう？

　カラスムギのノギは鎌に似た形で、柄の部分はこよりのようによじれています。この部分を水で濡らすとよりがほどけ、鎌がゆっくり回転します。乾くときは逆回転して、まるで形状記憶合金のようによじれた形に戻ります。鎌が回らないように固定すると、タネ自体が回転を始めます。タネの先端には硬い逆さ毛が密生し、タネはドリルのように土に潜り始めます。

　タネはこうして、雨が降ったり乾いたりするたびに、ノギを回転させて土に深く潜ります。オート麦の原種でもある栄養価の高いタネは、ノギという回転ドリルを発明したおかげで、ネズミの食害を逃れて安全な地中に避難できるというわけです。

Column 8

秘密は地下にある

地下にも豆をつくるヤブマメ——

ヤブマメは里の草むらに生えるマメ科のつる植物です。秋に薄紫色の花を咲かせ、エンドウに似た実をつけます。熟すと実は弾けてタネを飛ばします。

一年草で冬には枯れるヤブマメには、子を翌年に確実に残すための秘策があります。つるが伸びると、花より先に、まず地下に「閉鎖花」をつけてタネをつくり、翌年の存在を確保するのです。

閉鎖花は地中に伸びる細い枝でつくられます。花びらが退化した極小の花で、雄しべと雌しべが直に接して受精するので、虫の助けなしに100％結実します。閉鎖花からできる実は丸い形で、熟しても弾けず、文字通りの「一粒種」のタネは、その場で冬を越して春に芽を出します。

閉鎖花のタネは親植物の遺伝子を受け継いでいます。親が成功した場所で子もまたタネを残すでしょう。一方、ふつうの花（閉鎖花に対して開放花という）には、別の株からハチが花粉を運び、さまざまな性質のタネがつくられます。このタネは遠くに弾け飛び、新しい環境に挑戦するのです。

開放花は薄紫色で、秋に咲きます。ハチが花粉を別の株から運んで結実します。

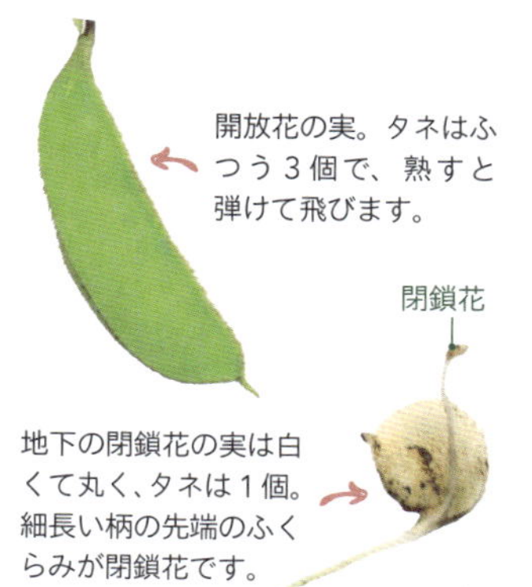
閉鎖花

開放花の実。タネはふつう3個で、熟すと弾けて飛びます。

地下の閉鎖花の実は白くて丸く、タネは1個。細長い柄の先端のふくらみが閉鎖花です。

開放花からできた、さやエンドウのような実。つるから垂れ下がって実ります。

6章

ひっつくんダネ

hitsukun dane

「ひっつきむし」とか「草じらみ」と呼ばれる実やタネの仲間です。目立たない色で動物や人間を待ち伏せし、毛や服に引っかかったり粘りついたりして移動します。いずれも動物の背丈よりも小さな草で、通り道に沿って広がります。

一年草（帰化）
風媒花（雄花と雌花）

オオオナモミ

Xanthium orientale

family: キク科 | genera: オナモミ属

付着散布・果苞（フック）
痩果、果苞の中に2つ

とげとげフックでくっつきたーい！

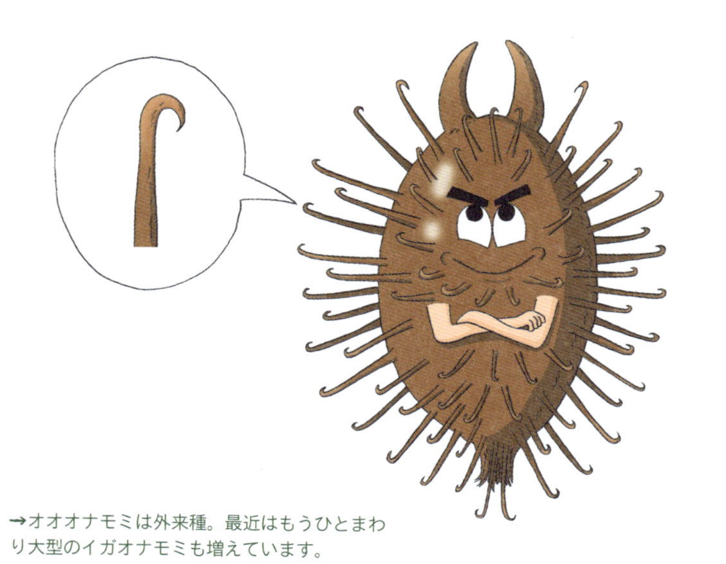

→オオオナモミは外来種。最近はもうひとまわり大型のイガオナモミも増えています。

NO.38

PROFILE

出身地	北アメリカ
住まい	空き地や水辺の草むら
誕生月	8～11月
成人時期	10～2月
身長	10㎜（痩果） 2㎝（果苞）

食 薬 染 観 遊 他　果苞を投げつけて遊ぶ。中国では種子から良質の油をとるという。

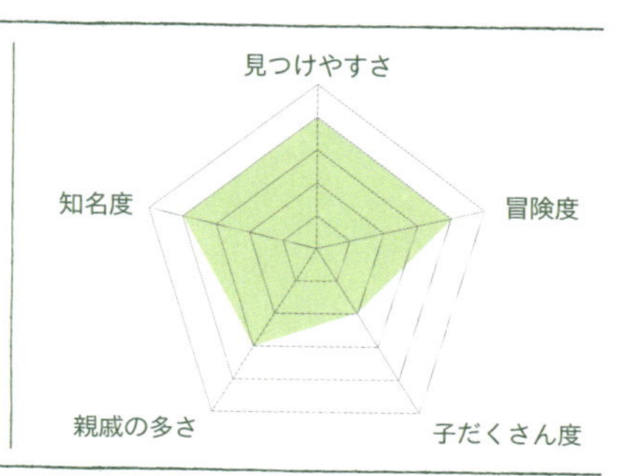
見つけやすさ
冒険度
子だくさん度
親戚の多さ
知名度

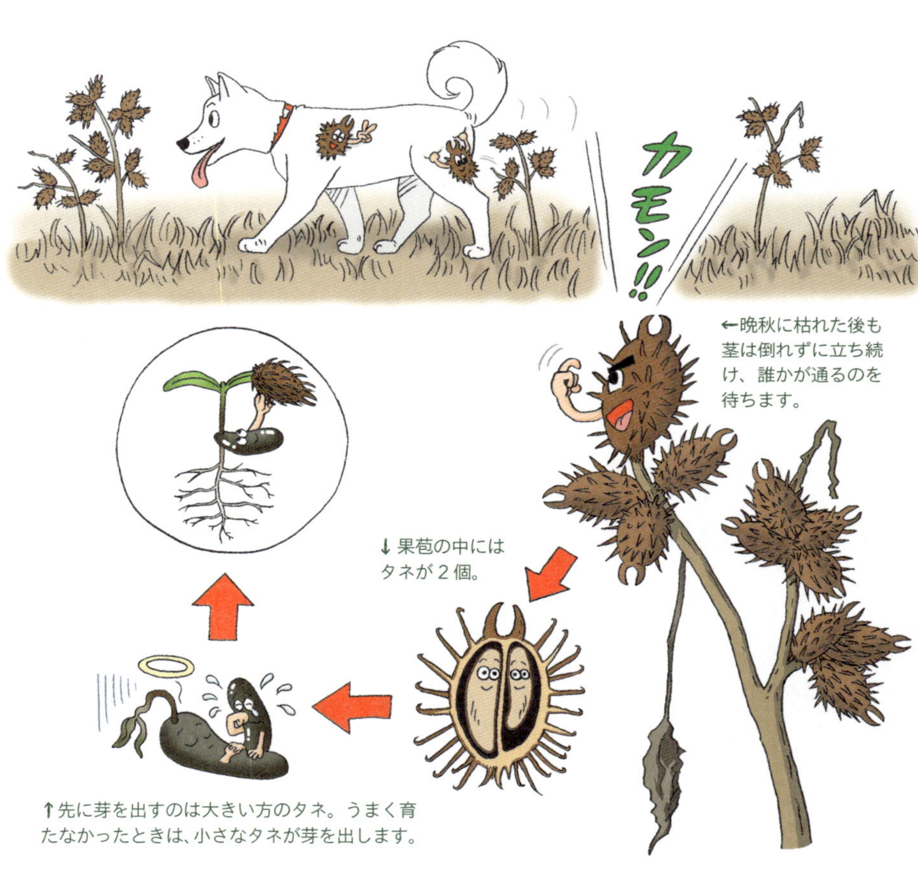
カモン!!

←晩秋に枯れた後も茎は倒れずに立ち続け、誰かが通るのを待ちます。

↓果苞の中にはタネが2個。

↑先に芽を出すのは大きい方のタネ。うまく育たなかったときは、小さなタネが芽を出します。

魚のハリセンボンのように全身トゲトゲのひっつきむし。トゲの先はフックになっていて、人や動物について運ばれます。投げつけて遊ぶと楽しいので、子どもたちには大人気。

トゲトゲの実は、キク科特有の総苞（そうほう）が壺状に一体化したもので、植物学的には果苞（かほう）といいます。内部にはタネが2個。果苞のつぼの内部に2個の雌花が咲き、ともにタネに育つのです。油脂に富むタネはトゲによって守られます。トゲは武器であると同時に母の優しさでもあるのです。

でも、なぜ2個なのでしょう。2個のタネにはきまって大小があり、春には大きなタネが先に芽を出します。もし芽が事故に遭っても、遅れて小さなタネが芽を出します。2個のタネは万一の保証。空き地や河原など変動の激しい環境で生き抜く雑草の知恵です。

多年草（野菜・帰化）
虫媒花

ゴボウ

Arctium lappa

family: キク科 | genera: ゴボウ属

付着散布・頭花（フック）
痩果、総苞ごと運ばれる

昔は飛んでタネ 今はひっつくんダネ

↓ゴボウはユーラシア大陸原産。日本では野菜として食べますが、海外では雑草扱いです。

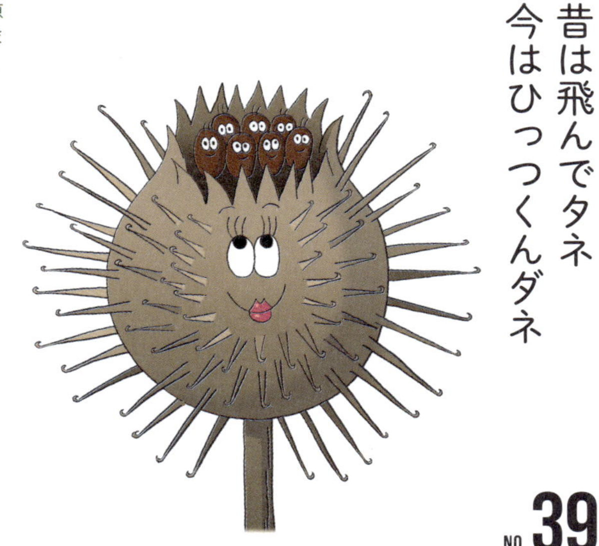

NO. 39

PROFILE

出身地	ユーラシア
住まい	畑（栽培）、北海道では道端にも
誕生月	8～9月
成人時期	9～11月
身長	7㎜（痩果）/2㎝（果苞）/4㎝（トゲを含めた果苞）

食 薬 染
観 遊 他

根は野菜。総苞のかぎ針から面ファスナーの発想が生まれた。

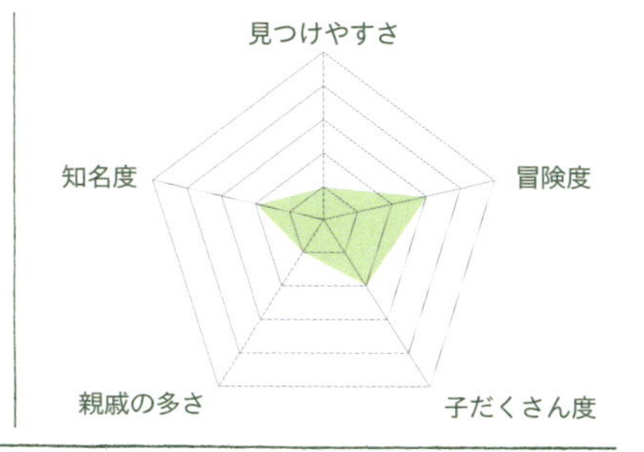

見つけやすさ
冒険度
子だくさん度
親戚の多さ
知名度

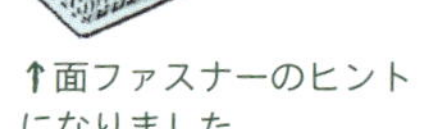

↑面ファスナーのヒントになりました。

→針の先はフックになっています。

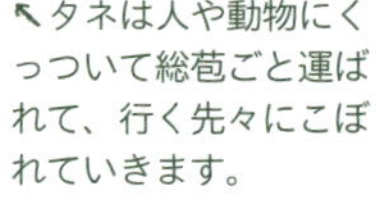

↖タネは人や動物にくっついて総苞ごと運ばれて、行く先々にこぼれていきます。

↑タネの頭をよく見ると、そこには短い冠毛が。今はすっかり「ひっつきむし」ですが、大昔、空を飛んでいた頃の痕跡が残っているのです。

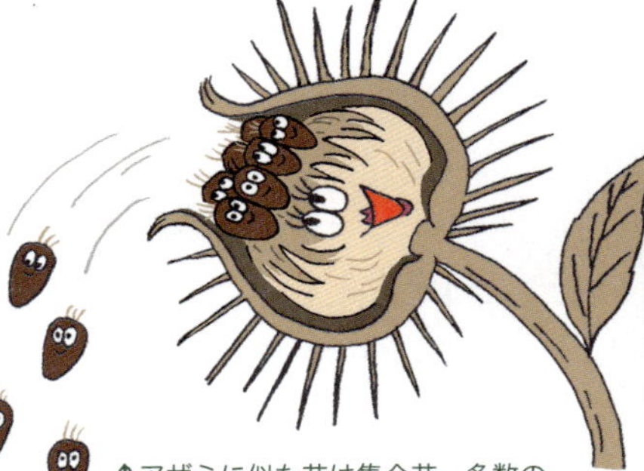

↑アザミに似た花は集合花。多数の小さな花の１つ１つがタネになります。お母さんの総苞が、タネになった子どもたちも支えます。

野菜のゴボウの実はハリセンボンのようです。花は赤紫色で、同じキク科のアザミ（24頁）に似ています。キク科の花は、小さな花の集合体（頭花）で、頭花を支える部分は「総苞」、その一片は総苞片といいます。ゴボウの総苞片は長くて硬く、先はフックになっています。

ゴボウの実はこのフックで人や動物にひっつくと、総苞ごともげて運ばれ、その間にタネがこぼれます。海外では嫌われ者の雑草ですが、面ファスナーのヒントにもなりました。

総苞の中には多数のタネがあり、タネには短くて抜けやすい冠毛があります。じつはゴボウも、昔はアザミ同様、冠毛で飛ぶタネだったのです。でも進化の過程でひっつき虫に転身し、冠毛を捨ててしまいました。名残の抜け毛に、過去が垣間見えます。

多年草
風媒花

別名：ミチシバ（道芝）

チカラシバ

Pennisetum alopecuroides

family: イネ科 | genera: チカラシバ属

付着散布・果実(逆さトゲ)
穎果、多数の長いのぎ

→ノギにも短い軸にも逆さトゲが生えています。これがチカラシバの秘密兵器。

くっついて潜り込むメイワク逆さトゲ

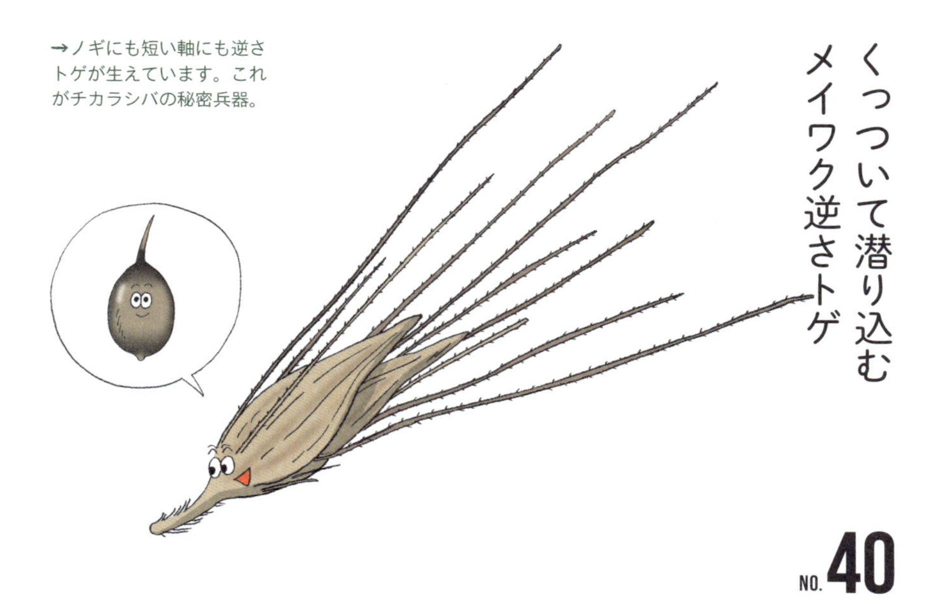

NO.40

PROFILE

出身地	日本
住まい	野山の草むらや道端
誕生月	8〜9月
成人時期	9〜12月
身長	10㎜（穎果）/2.7㎝（ノギを含めた穎果）

食
薬
染
観
遊
他

野原のひっつき虫だが、若い果穂は美しいので庭園に植えることも。

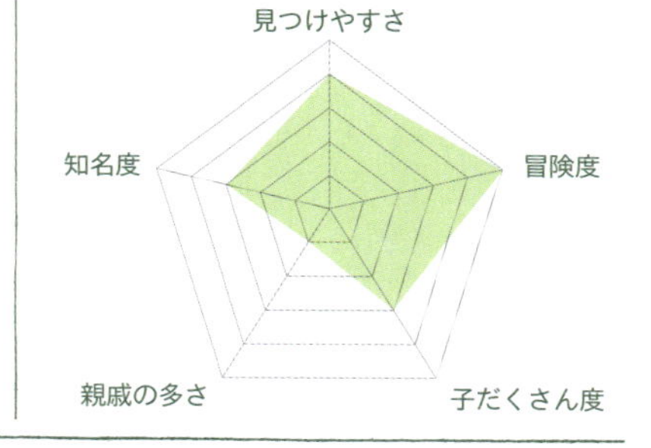
見つけやすさ
冒険度
子だくさん度
親戚の多さ
知名度

←チカラシバのタネは、グイグイと繊維の奥まで潜り込みます。
←タネをビニール袋に入れてシャカシャカ振ると、すみっこにギュウギュウに集まります。
←穂をしごいて集めると、「いが栗」のできあがり。

川の土手やあぜ道に生えるイネ科の雑草で、葉や茎が丈夫で引っ張っても抜けないので「力芝」。夏の終わりに、ネコジャラシを大きくしたような穂を出します。若い穂は紫色を帯びてきれいですが、タネが晩秋に熟すと一転、厄介なひっつきむしに。

熟した穂に触れると、タネが服にくっつきます。タネには多数の長いノギが彗星の尾のようについていますが、ノギにある微細な逆さトゲが繊維に引っかかるのです。

それだけではありません。ほうき状のノギとその逆さトゲに加えて、短い軸にも逆さ毛があるため、タネは頭を先にして進みます。振動が加わるたびにタネはぐいぐいと繊維の奥へ前進し、肌に触れるまでに深く潜航します。気がつけば服やら靴下やら、チクチク痛い。取ろうにも取れない憎い奴です。

多年草
虫媒花

ヌスビトハギ

Hylodesmum podocarpum

family: イネ科 | genera: チカラシバ属

付着散布・果実（フック）
節果、表面に多数のフック

抜き足差し足
ひっつきむし！

待て〜!!

NO.41

PROFILE

出身地	日本
住まい	野山の明るい林や草むら、道端
誕生月	8〜11月
成人時期	10〜2月
身長	6㎜（種子）/1.4㎝（2個連なった実）

食 薬 染
観 遊 他

実を服につけて遊ぶ。花はかわいいが栽培はされない。

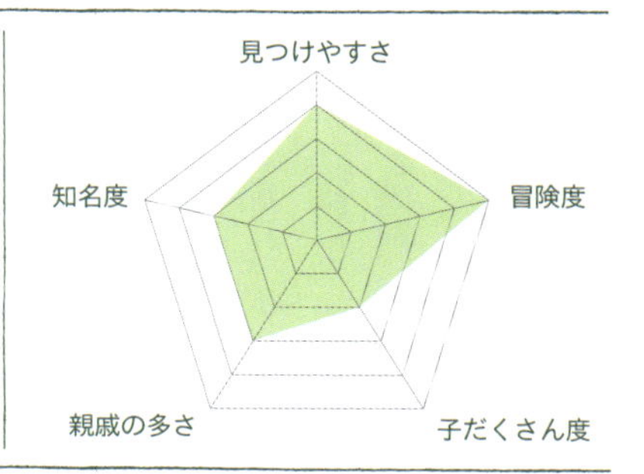
見つけやすさ
冒険度
子だくさん度
親戚の多さ
知名度

↑草むらを歩くとたちまちびっしり。犬の毛にも、人の服にもくっつきます。

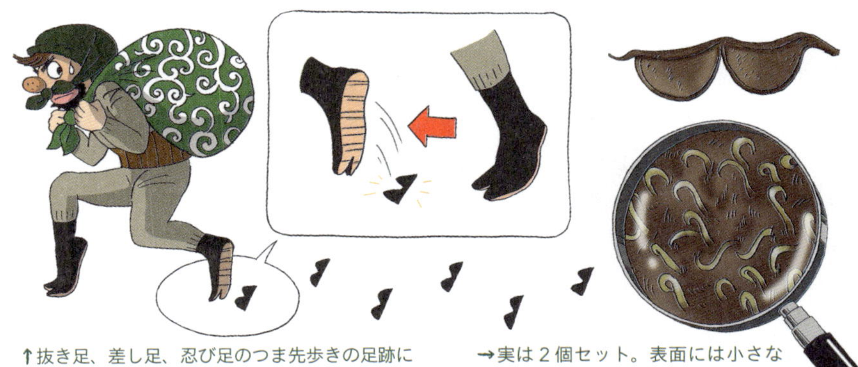

↑抜き足、差し足、忍び足のつま先歩きの足跡にそっくりなのが、ヌスビトハギの名前の由来です。

→実は２個セット。表面には小さなフックが無数にあります。

秋の野山を歩くと服にワイワイくっついてくるいたずら者の草のタネ。どのタネも目立たない色をして、じっと草むらに待機しています。

ちょっとキザなサングラスで人待ち顔なのはヌスビトハギ。1個の花から2個セットの実ができます。その実の表面には肉眼だと見えないほど小さなフックが無数にあり、面ファスナーのように動物の毛や人の衣服にくっつくのです。くっついたあとは1個ずつに分かれて、どこかに落としてもらいます。

ヌスビトハギという名は2個つながった実の形からきています。昔は盗人といえば、地下足袋を履き、唐草模様の風呂敷包みを肩に、爪先立って抜き足、差し足で忍び歩いたものでした。そうして床に残る足跡は、まさにヌスビトハギの実の形になるのです。

一年草
虫媒花

メナモミ

Sigesbeckia pubescens

family: キク科 | genera: メナモミ属

付着散布・果実(粘液)
痩果、総苞ごと運ばれる

ネバネバ袋でデリバリー

→逆さにすればサンタクロースの袋みたい。ペトペト方式で粘り強くタネをあちこちに配達します。

NO.42

PROFILE

出身地	日本
住まい	野山の道端
誕生月	9～10月
成人時期	10～11月
身長	2㎜(痩果) 0.8㎝(果苞)

食 薬 染
観 遊 他

全草を干したものは生薬とされる。

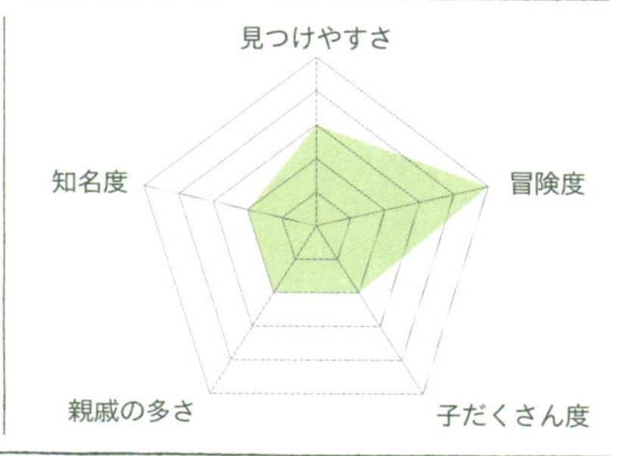
見つけやすさ
冒険度
子だくさん度
親戚の多さ
知名度

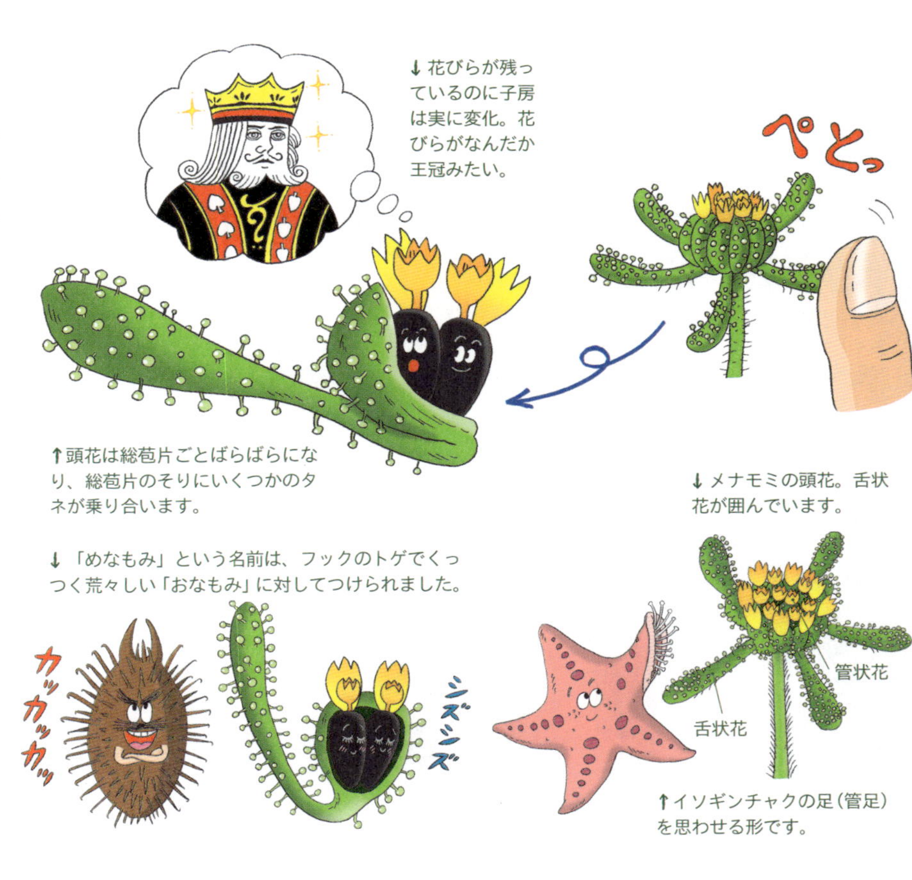
↓花びらが残っているのに子房は実に変化。花びらがなんだか王冠みたい。
ぺとっ
↑頭花は総苞片ごとばらばらになり、総苞片のそりにいくつかのタネが乗り合います。
↓メナモミの頭花。舌状花が囲んでいます。
↓「めなもみ」という名前は、フックのトゲでくっつく荒々しい「おなもみ」に対してつけられました。
カッカッカッ
シズシズ
管状花
舌状花
↑イソギンチャクの足(管足)を思わせる形です。

里山の道端でよく見るキク科の雑草で、秋が深まる頃、遠慮気味に小さな黄色い花びらを広げた花が、枝分かれした茎の先にまばらに群れ咲きます。

花を囲んで、緑色の腕のような数本の突起が生えていて、よく見るとその腕にはヒトデを思い出させる先の丸い突起が無数についています。ちょっと触ってみると、ペタペタッ。花がばらばらになってくっついた!

花びらは残っていても、もう実なのです。緑の腕は総苞片で、粘液を帯びた腺毛が無数に生えています。総苞片の端はスプーンのような形で数個のタネ(痩果)を抱えています。人や動物が触れると、ひと抱えのタネごと総苞片がもげてくっつくという寸法です。

名は、鋭いトゲの「雄なもみ」に対して「雌なもみ」。同じひっつきむしでも、こちらは柔軟で粘り強い性質です。

ひっつきむし図鑑

林の下や草むらを歩くと、草の実が服にくっついてきます。人や動物を利用してヒッチハイクする小さな忍者のタネたちです。かぎ針、ねばねば、さかさトゲ、ヘアピンなど、忍び道具はじつに精巧にできています。

かぎ針タイプ

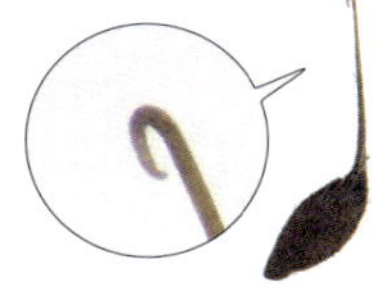

ダイコンソウ バラ科

花柱の先がかぎ針になります。

ヌスビトハギ マメ科

実の表面に先端がかぎ針状になった毛が密生します。

フジカンゾウ マメ科

ヌスビトハギと同じしくみです。大きな実をつけます。

ミズヒキ
タデ科

花柱が２つに分かれて、先端がかぎ針になります。

オオオナモミ
キク科

オナモミより大きくてトゲも鋭い。

オナモミ
キク科

在来種のオナモミですが数は少ない。

イガオナモミ
キク科

大型で枝分かれした鋭いトゲはたいへん痛い。

キンミズヒキ
バラ科

スカートを広げたような毛の先がかぎ針状です。

ミズタマソウ
アカバナ科

実の表面に群生する毛がフックになっています。

オヤブジラミ
セリ科

実は２個ずつ実り、かぎ針状のトゲがあります。

ねばねばタイプ

ノブキ キク科

実に粘液の出る腺点があります。

実はぐるっと集まってきます。

メナモミ キク科

総苞片に粘液の出る腺毛があります。

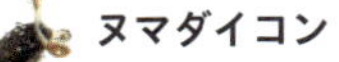

ヌマダイコン
キク科

3～4本の冠毛に粘りけがあります。

さかさトゲタイプ

アメリカセンダングサ
キク科

2本の突起に逆さトゲがあります。

コセンダングサ
キク科

2～3本の突起に逆さトゲがあります。

チカラシバ
イネ科

実の軸やノギに逆さトゲがあります。

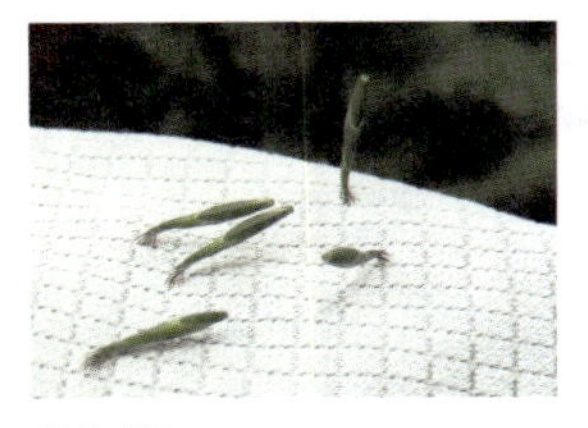

ササガヤ
イネ科

穎（えい）の先に逆さトゲがあります。

ヘアピンタイプ

イノコヅチ
ヒユ科

実に沿う苞がヘアピンのようになります。

Column 9

誰にくっつくの？海外の巨大なひっつきむし

海外には巨大な「ひっつきむし」があります。ツノゴマは北アメリカ原産。シソ目ツノゴマ科の植物で、茎は地面を這い、夏には薄紫色の美しい花が咲きます。現地では肉厚の未熟果はピクルスの材料に。しかし、熟すと悪魔への変身が始まります。柔らかな果皮は腐って剥がれ、2本のツノをつけた硬いトゲの実が姿を現すのです。それが「Devil's Claw（悪魔のかぎ爪）」の名を持つ世界最大のひっつきむし！

かぎ爪は硬く弾力性があり、先は鋭く尖ります。実は地面に上向きに転がり、ターゲットが通りかかるのを待ちます。動物の脚の代わりに、自分の握り拳をつっこむと、うぉぉ！　痛い！　がっちり食いつかれ、離そうにも離れません。

完熟すると2本のかぎ爪の間に裂け目が生じます。つまり動物の脚に食いついた実は、運ばれながらタネをあちこちにばらまくことになるのです。

今は広大な牧場や穀物畑にした北米大陸の大草原。かつてはアメリカバイソンの大群がそこにいました。ターゲットはバイソンだったのでしょうか。

同属のキバナツノゴマの実。柄が短く、実の全体がトゲで覆われます。

ツノゴマの実とタネ。粗いトゲが一列に生えます。実の本体部分は6～7㎝。

ツノゴマの花と若い実。全体にみずみずしく肉厚で、若い実は食用となります。

7章

かたいんダネ

katain dane

ドングリやクルミなどかたい実、いわゆる「ナッツ」の仲間です。デンプンや油脂などの豊富な養分を子葉に蓄え、かたい殻で守っています。重くてそのまま真下に落ちますが、リスやネズミ、それにカケスやヤマガラなど貯食の習性がある動物によって運ばれます。

雌花

落葉広葉樹
風媒花（雄花と雌花）

オニグルミ

Juglans mandshurica

family: クルミ科　genera: クルミ属

貯食・水散布・堅果（ナッツ）
堅果、殻は非常に硬い

ゴン
ガン
頭は固いがいつもウキウキ

→オニグルミの殻は硬く、かなづちで叩いてもすぐには割れない石頭です。殻の破片はゴムに混ぜてスタッドレスタイヤにも使われます。

NO. 43

PROFILE

出身地	日本
住まい	野山の林や水辺
誕生月	5～6月
成人時期	9～10月
身長	3㎝（堅果） 5㎝（実）

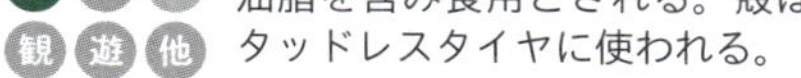
食 薬 染 観 遊 他　油脂を含み食用とされる。殻はスタッドレスタイヤに使われる。

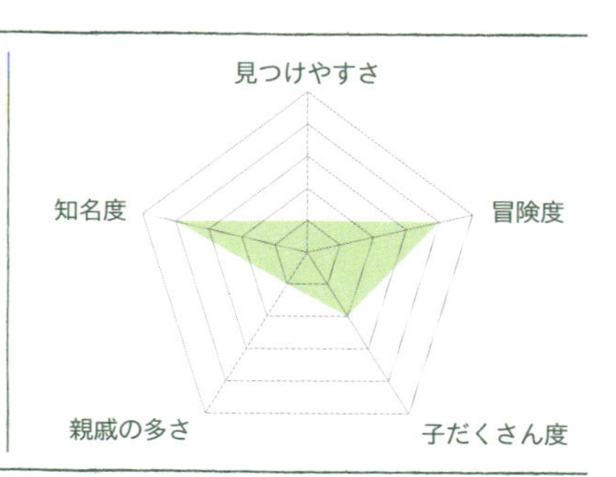
見つけやすさ
冒険度
子だくさん度
親戚の多さ
知名度

?
?

←地面に埋めて、そのまま忘れてしまうことも。

ボロッ

↓果肉が腐ってはがれると、中から硬い殻が現れます。

→オニグルミは、水に浮いても運ばれます。

ガリガリ

↓リスは殻の合わせ目を歯で削り、2つに割って中身を食べます。

↓アカネズミは殻の横に穴を開けて中身を食べます。

日本の野生のクルミ。水に浮いて運ばれるので河原によく生えています。市販のセイヨウクルミより殻は厚くて硬いですが、中身（油脂を蓄えた子葉の部分）はおいしいナッツです。

硬い殻は「浮き」になると同時に、大切な共生関係の硬い絆も結びます。オニグルミの殻を破れる動物はリスとアカネズミだけ。彼らは中身を食べてしまいますが、冬の貯蔵食糧にと埋めて蓄えた上で一部を食べ残すので、種まきもしてくれるのです。水や重力は下向きですが、動物たちはタネを斜面の上にも運び上げてくれます。

樹上の若い実は渋いタンニンを含む緑色の厚い皮に包まれて房なりに垂れ、知らないとこれがクルミとはわからないかも。熟して地面に落ちると皮は黒く変色してドロドロになり、硬いオニグルミの実が転げ出ます。

雌花

落葉広葉樹
風媒花（雄花と雌花）

ミズナラ

Quercus crispula

family: ブナ科 | genera: コナラ属

貯食散布・堅果（ナッツ）
堅果、殻斗とペアで育つ

食べて蓄えて
コロコロ忘れてね

NO.44

PROFILE

出身地	日本
住まい	山の林
誕生月	5月
成人時期	9～10月
身長	2～3㎝（堅果）

食 薬 染 観 遊 他

北国に多いドングリ。昔の山村では渋を抜いて食用・備蓄食とした。

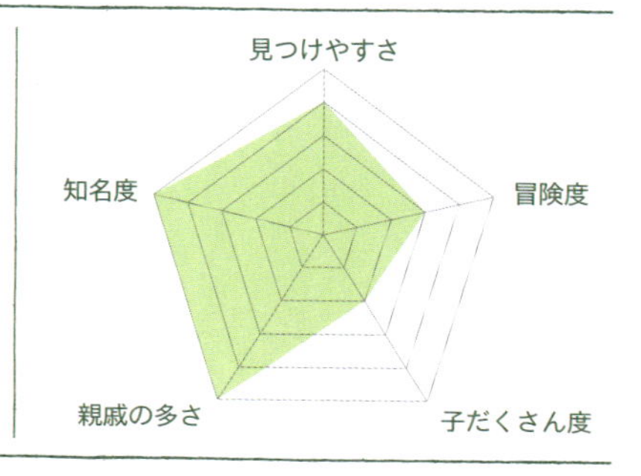
見つけやすさ
冒険度
子だくさん度
親戚の多さ
知名度

↓それでも、リスもネズミも冬にそなえてせっせと埋めて貯蔵します。

うへ〜〜

↑ドングリは、硬い殻で中身をガード。中身も渋くして、二重に自分を守っています。

ホーホケキョ!!

↑木の真下に落ちて芽を出しても育ちません。リスやネズミは遠く離れた場所に運んで埋めてくれるのです。

↑ミズナラのドングリは、地面に落ちるとすぐに根を伸ばします。乾くと死んでしまうので、埋められるのは大歓迎です。

寒い地方に生えるナラの木で、ドングリは卵形、殻斗はかわら模様です。ドングリにはお母さんの木が詰めてくれたお弁当の栄養がたっぷり。でもそれがクマやシカ、リス、ネズミなど森の動物たちにはごちそうです。ドングリも硬い殻や渋み成分のタンニンで抵抗していますが、それでも食べられてしまいます。虫もドングリを食べます。枝にみのった若いドングリに産卵してからチョキンと枝を切り落とすのはハイイロチョッキリ。シギゾウムシの幼虫もドングリを食べて育ちます。

でもドングリはうまく動物を利用しています。リスやネズミはドングリを別の場所に運んで埋め、冬の食糧に蓄えますが、一部は残って芽を出します。こうしてドングリは新しい場所で育つのです。虫や動物との様々な関係の上に、豊かな森が続いていきます。

ドングリの背比べ図鑑

ドングリは、ブナ科のカシやナラ、シイのなかまの実です。相棒の「殻斗」は総苞片が変化したもので、「帽子」とか「お椀」とも呼ばれます。

アラカシ
1.1～1.7㎝
小柄で丸っこい。帽子は薄く横縞模様。

スダジイ
1.2～1.8㎝
シイの実と呼び食用。殻斗は全面を包む。

ツブラジイ
0.6～1㎝
小粒で丸く食用になる。西日本に多い。

イチイガシ
1.5～2.0㎝
金色の毛と太い角のあるドングリ。横縞。

アカガシ
1.6～2.3 cm
殻は厚く丈夫。帽子は横縞でふかふか。

ウバメガシ
1.5～2.5 cm
尻が細くすぼむ。帽子は円錐で鱗模様。

マテバシイ
2.5～3㎝
殻が厚く食用になる。帽子は軸ごと落ちる。

ナラガシワ
2～3.5㎝
葉はカシワに似て実や帽子はミズナラ似。

シリブカガシ
1.7～2.3㎝
尻が凹むので尻深樫。帽子は軸ごと落ちる。

コナラ
1.7〜2.8㎝
細長タイプもある。帽子は鱗模様。

シラカシ
1.5〜2㎝
上半身がやや太め。帽子は横縞で薄い。

ツクバネガシ
1.7〜2.2㎝
殻は硬く丈夫。帽子は厚く、ふかふか。

ウラジロガシ
1.5〜2.3㎝
お尻はややとがる。帽子は横縞で深め。

アベマキ
1.3〜2.5㎝
丸っこい。帽子はクヌギより分厚い。西日本に多い。

クヌギ
2〜2.7㎝
丸いドングリが人気。帽子はモシャモシャでもろい。

カシワ
1.5〜2.5㎝
丸っこい。赤茶色の髪を思わせるカサカサした帽子。

オキナワウラジロガシ
3〜3.5㎝
奄美以南に分布する日本最大のドングリ。帽子も肉厚。

ピンオーク
2.5〜3㎝
北アメリカの大きなドングリ。帽子は平たいベレー帽。

ミズナラ
2〜3㎝
大粒の渋いドングリと鱗模様の帽子。北日本に多い。

落葉広葉樹
虫媒花（雄花と両性花）

トチノキ

Aesculus turbinata

family: トチノキ科　genera: トチノキ属

貯食散布・種子（ナッツ）
蒴果、三つに割れる

気前のよい森の主

みんな元気かい?!
たくさん食べていいよ!!

NO.45

PROFILE

出身地	日本
住まい	山の林、公園や街路
誕生月	5～6月
成人時期	9～10月
身長	3～4cm（種子） 4～6cm（実）

食 薬 染 観 遊 他
種子のデンプンを採ってアクを抜き、餅や団子を作る。都会では街路樹。

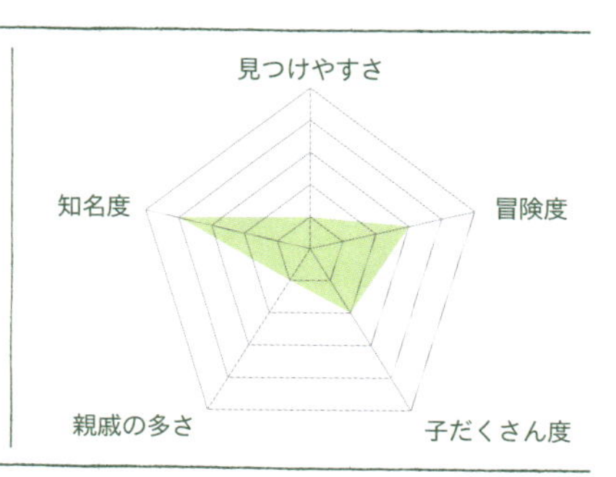
見つけやすさ
冒険度
子だくさん度
親戚の多さ
知名度

下から見るとサルみたい？
→クリと似ていますが、クリはブナ科、トチノキはムクロジ科。そっくりさんの他人です。
↓森のネズミたちもトチの実が大好き。ネズミによって、トチノキも遠くに運ばれます。
↓アクを抜いたらトチ餅に。昔は飢饉の際の貯蔵食糧にするために、トチの実をたくさん拾い集めました。
MOCHI

↑トチノキは直径4m、高さ30mの巨木になります。良質のデンプンを含む実は、縄文時代から利用されている森の恵みです。

大きな葉を広げて太く育つ立派な木で、昔から山里の人々に恵みの贈り物を与えてきました。パリのマロニエの親せきで容姿も似ており、よく公園や街路樹にも植えられます。

花は春、枝先に大きな花序が立ち、遠目にも目立ちます。秋にはゴルフボール大の実が集まって重たげに実り、熟すと地面に落下します。厚い果皮が割れて転がり出るのは、すべすべした大きなタネ。表面の白っぽい部分は親植物とつながっていたおへそです。

これが山の恵みの「とちの実」で、手間ひまかけて渋を抜けば美味な餅や団子になります。国語の教科書に載っている「モチモチの木」もこれ。森のリスやネズミはタネを運んで土に埋め、冬の間に大半を食べますが、一部は残されて芽を出します。森の動物とトチノキの長い信用取引なのです。

常緑広葉樹
鳥媒花

ヤブツバキ

Camellia japonica

family: ツバキ科　genera: ツバキ属

貯食散布・種子（ナッツ）
蒴果、三つに割れる

虫に対抗！
油の実

↑分厚い果皮で守られたツバキのタネ。熟すと裂けて転がり落ち、ネズミやリスに運ばれます。

NO. 46

PROFILE

出身地	日本
住まい	野山の林、庭や公園
誕生月	1～4月
成人時期	10月
身長	20㎜（種子） 5㎝（実）

食 薬 染 観 遊 他
種子から採る椿油を化粧品、食油に用いる。花が美しく栽培される。

見つけやすさ
冒険度
子だくさん度
親戚の多さ
知名度

リンゴツバキ
ヤブツバキ

↑関東のヤブツバキの実は直径約 3㎝、果皮は厚さ 5㎜ほど。屋久島のリンゴツバキの実は直径 5 ～ 8㎝、果皮は厚さ 1.5 ～ 2㎝で、丸くて大きく、果皮が赤くなってリンゴにそっくり！

↓厚い果皮で守っても、ツバキシギゾウムシが産卵にやってきます。長い口で産卵のための穴を開けます。

←どんなに分厚くなってタネを守っても、さらに口の長いツバキシギゾウムシが登場してしまいます。

いいかげんにしてよね!!
そ、そんなこといったって…

←タネからは「椿油」が採れます。

ツバキは日本生まれの植物です。野生のツバキはヤブツバキと呼び、油脂を含むタネから椿油を搾ります。栄養価の高いタネは、硬い殻の鎧を着こみ、厚い果皮に守られて育ちます。

タネの敵はツバキシギゾウムシ。愛嬌のある小さな甲虫ですが、雌は長い口でツバキの果皮に穴を開けて産卵し、幼虫はタネを食べてしまいます。地域によってシギゾウムシの口の長さは異なり、屋久島産のものは本州産の2倍も長い口をしています。

屋久島のヤブツバキの実はリンゴ大で丸く、「リンゴツバキ」と呼ばれます。タネは大差ありませんが果皮が厚いのです。屋久島のヤブツバキはタネを守るために果皮を厚く進化させ、対抗してシギゾウムシも子孫を残すために口をさらに伸ばした結果です。ちなみに口がうんと長いのはメスだけです。

落葉広葉樹
虫媒花

エゴノキ

Styrax japonica

family: エゴノキ科 | genera: エゴノキ属

貯食散布・核(ナッツ)
核果、果皮は剥落する

バブルパワーのかわいいナッツ

NO.47

PROFILE

出身地	日本
住まい	野山の林、庭や公園
誕生月	5月
成人時期	10〜11月
身長	8mm(種子) 1cm(実)

食 薬 染
観 遊 他

種子はお手玉やままごと材料になる。花や若い実が美しく栽培される。

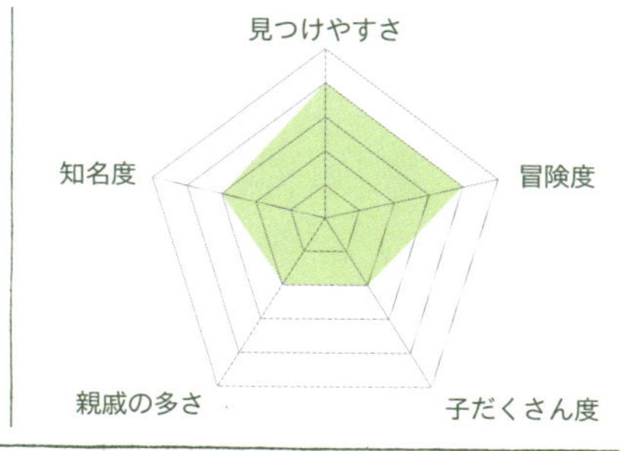

見つけやすさ
冒険度
子だくさん度
親戚の多さ
知名度

↓青い実にしばしばエゴヒゲナガゾウムシが産卵します。
パカッ
←秋に熟すと果皮を脱いでタネがむき出しに。ヤマガラの大好物です。
←中にいるのはエゴノネコアシアブラムシ。
↑口に入れるとえぐい味がします。
↑エゴノネコアシ。「猫足」のような形の虫こぶです。
←昔は洗濯に使いました。

エゴノキは素敵な木です。初夏、枝いっぱいに白い花が垂れて咲き、甘く香ります。日本から渡った欧米では「ジャパニーズ・スノーベル」の名で庭木や盆栽として愛されています。

夏は緑白色のかわいい実。若い果皮は発泡成分のサポニンを含み、噛むとえごい（喉がイガイガする）のが名の由来です。昔は若い実をつぶして泡立たせて衣類の洗濯に用いました。

この時期、枝先にネコの肉球のような形の虫こぶがつくことがあります。それがエゴノネコアシ、面白い形です。

秋になると実は果皮を脱ぎ捨て、茶色いタネをこれ見よがしにぶら下げます。待っていたのはヤマガラ。タネをくわえて運ぶと、硬い殻をつついて油脂に富む中身を食べ、冬に備えて土に埋めます。その一部が春には芽を出す、それがヤマガラと交わした契約です。

常緑針葉樹
風媒花（雌雄異株）

別名：ホンガヤ

カヤ

Torreya nucifera

family: イチイ科 | genera: カヤ属

貯食散布・種子（ナッツ）
種子、仮種皮に包まれる

針葉樹がつくる日本古来のナッツ

→秋、緑色の皮が脱げて、アーモンドのような形の硬い殻のタネが現れます。

NO.48

PROFILE

出身地	日本
住まい	山の林、公園や寺社
誕生月	5月
成人時期	9月
身長	25㎜（種子） 30㎜（外皮を含めた種子）

食 薬 染 観 遊 他
種子は食用。種子油は食用・明かりのほか、カヤ材の碁盤にも塗り込む。

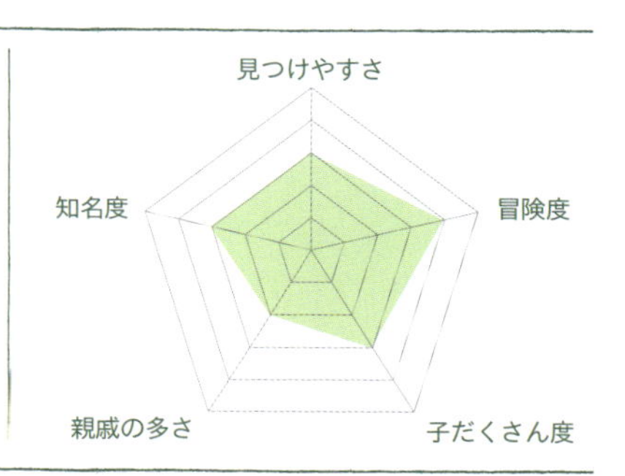
見つけやすさ
冒険度
子だくさん度
親戚の多さ
知名度

カヤの実
かち栗
洗米
こんぶ
するめ
塩
パリン

↑土俵の無事を祈って、土俵の下に埋められる「鎮め物」の１つです。

↑種子の中身はおいしいナッツ。山梨県身延地方では「かやあめ」を、岐阜県飛騨地方では「かやせんべい」をつくります。ヤマガラの好物でもあります。

↑カヤは高さ 25m にもなる高木です。ご神木にされていることもよくあります。秋にすがすがしい香りの種子をたくさん落とします。

「かやぶき屋根」のカヤはイネ科のススキやチガヤの類を指し、漢字では「茅」または「萱」と書きます。

こちらは「榧」。暖地に生える雌雄異株の常緑針葉樹で、神社や公園にも植えられ、樹齢数百年の大木に育ちます。最高級の碁盤材としても有名です。

雌木には長さ３～４㎝の楕円形の実がなります。秋に落下して厚い緑の皮を脱ぐと、一見アーモンドに似て硬い殻の「カヤの実」が現れます。針葉樹特有のヤニ臭さはありますがビタミンと脂肪分に富むナッツで、昔は山里の人々の貴重な食糧でした。これを原料にした飴や菓子が山梨県や岐阜県飛騨地方には今も伝わり、油も食用・薬用として売られます。

自然界ではヤマガラがせっせと運びます。土に埋めて蓄えられたものの一部は春に芽を出すことになるのです。

Column 10

「松の実」はどのマツの実？

食材や薬用とされる「松の実」は、アカマツやクロマツのタネの何倍も大きくて立派です。どんなマツに実るのでしょう？

答えはチョウセンゴヨウ。朝鮮半島や中国東北部に多いマツで、日本では標高の高い山に生えています。葉が5本ずつ束になるゴヨウマツの仲間で、松ぼっくりは長さ10cmもあります。ふつうのマツと違って乾いても傘は開かず、指で押し開くと大粒のタネが出てきます。タネは硬い殻に包まれ、翼はありません。殻を割った中身が「松の実」です。

飛ぶことをやめたタネは、動物を利用して移動します。倒木の上にリスが食べたチョウセンゴヨウの破片が残っていました。油脂を豊富に含むタネは、リスの大切な貯蔵食なのです。

高山のハイマツも近い仲間で、松ぼっくりは熟しても開かず、タネに翼がありません。高山鳥のホシガラスは、ハイマツのタネを明るい草地に埋めて蓄えますが、全部は食べません。そうしてハイマツは新しい場所に広がります。

チョウセンゴヨウ

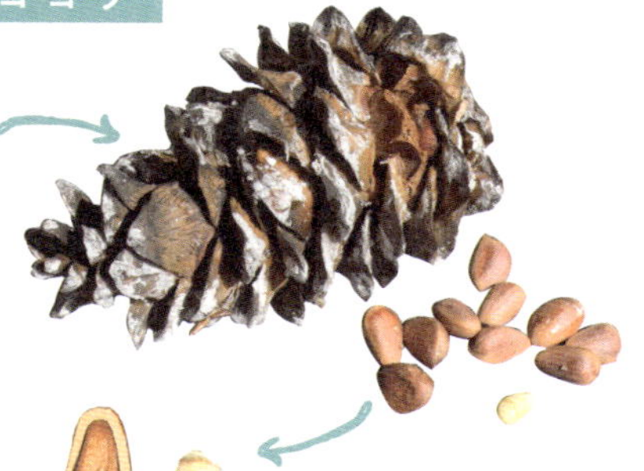

タネは厚い殻につつまれています。殻を外したものがいわゆる「松の実」として売られています。

鱗片の間にある大きなタネには翼がありません。

ニホンリスがチョウセンゴヨウのタネを食べた跡。

ホシガラスは、体に白いまだら模様のある高山の鳥です。

8章

やわらかいんダネ

yawarakain dane

　植物は動物に食べられます。この関係を逆手にとって、種をやわらかい果肉の奥に包み込み、わざと実を食べられることで種を運ばせている植物もあります。この章では、一般に「果物」と呼ばれるやわらかな実の工夫と知恵を紹介します。

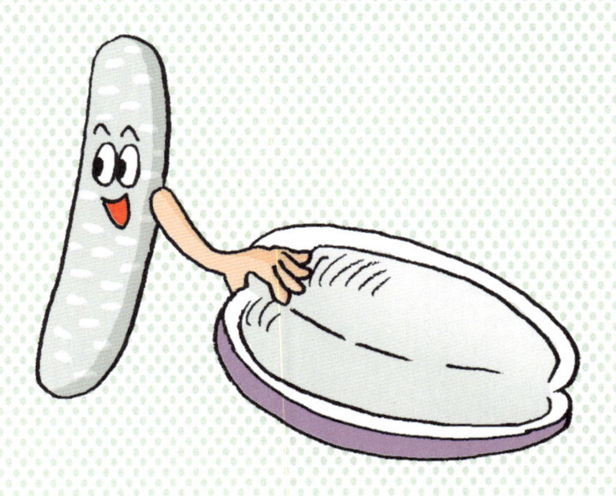

つる性落葉広葉樹
虫媒花（雄株と雌株と両性株）

サルナシ

Actinidia arguta

family: マタタビ科 genera: マタタビ属

被食散布・種子（フルーツ）
液果、甘く柔らかい果肉

食べ過ぎはダメ！甘い果肉の裏事情

→皮には毛がありません。でも、中身の様子はキウイフルーツそっくりです。

NO.49

PROFILE

出身地	日本
住まい	山の林、まれに果樹園
誕生月	5〜7月
成人時期	10〜11月
身長	2㎜（種子） 2〜3㎝（実）

食
薬
染
観
遊
他

キウイフルーツの仲間で、小粒だが生食、ジャム、果実酒など美味。

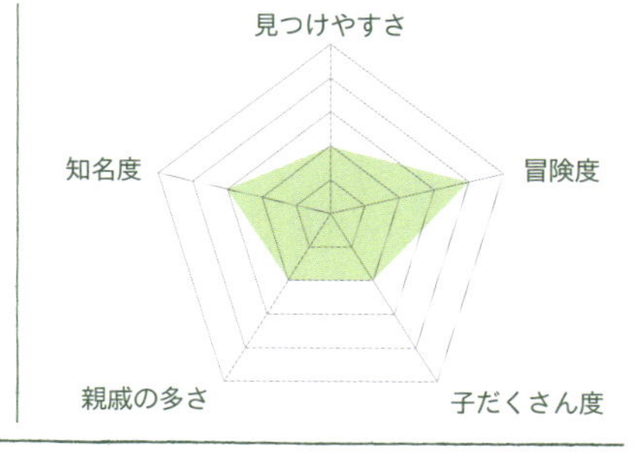
見つけやすさ
冒険度
子だくさん度
親戚の多さ
知名度

↓サルナシは熟しても赤くなりません。ターゲットが鳥ではないからです。
←甘い匂いでけものを誘います。
オイデ
オイデ
↓キウイに比べて野生種のサルナシの小さいこと。実の長さは約2㎝。
お一人様10コまで
↑しかし、一度に食べられて一度に出されては困ります。そこで、食べ過ぎるとタンパク質分解酵素が舌を溶かして、甘さを感じさせないようにするのです。

キウイフルーツの毛を剃ってミニサイズにしたような果実で、断面も味も香りもそっくりです。コクワ、ベビーキウイとも呼び、おいしいジャムになります。ゼリーも美味ですが、果肉にタンパク質分解酵素を含むため、生だとゼラチンが固まりません。

なぜ植物が消化酵素を持つのでしょう。私の体験では、一度にどんぶり半分ほど食べると、甘さが失せてひどく酸っぱく感じられ、それ以上食べたくなくなりました。タンパク質分解酵素で舌の味蕾がやられたのです。サルなど山の動物たちも同じでしょう。「食べてね、でもちょっとだけよ。」動物が少しずつ食べてタネを広く散布するよう、植物が仕組んでいるのです。タネはとても小さく、サルやタヌキ、クマなどの鋭い歯の間をすり抜けて無傷で糞に出されます。

落葉広葉樹（植栽）
虫媒花（雄株と雌株と両性株）

カキノキ

Diospyros kaki

family: カキノキ科 | genera: カキノキ属

被食散布・種子（フルーツ）
液果、内果皮はゼリー質

たべて〜

甘みも渋みも
ワザのうち

NO. 50

PROFILE

出身地	中国
住まい	庭や果樹園
誕生月	5〜6月
成人時期	10〜11月
身長	10〜20㎜（種子） 4〜10㎝（実）

食 薬 染 観 遊 他

甘柿は生食。渋柿は渋抜きして生食、干し柿。へたはしゃっくりの薬。

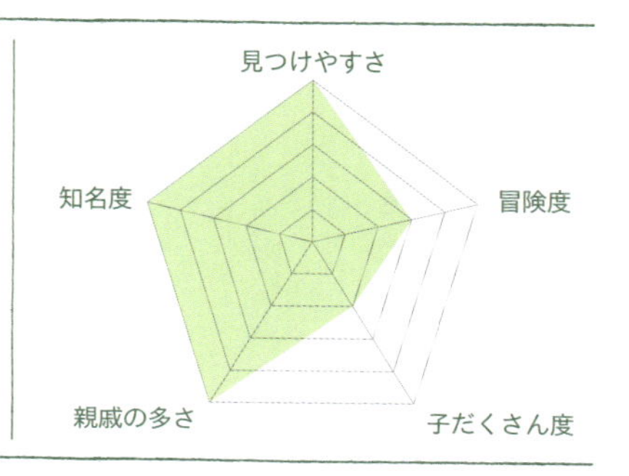
見つけやすさ
冒険度
子だくさん度
親戚の多さ
知名度

↓甘く熟した柿は、嗅覚の発達しているほ乳類の大好物。
↓青い柿はまだ渋い。もうちょっとがまんして。
STOP!!
ピー
↑オレンジ色の実は、赤い色に目がない鳥も誘います。
豆柿
黒実柿
筆柿
富有柿
ツルン
↑タネは、ほ乳類の鋭い歯の間を通り抜け、ふんとともに外に出ます。
↓タネはゼリー質に包まれ、つるっと滑ります。けものの歯から逃げ出す工夫です。

柿には渋柿と甘柿があります。甘柿は日本独自の栽培系統で、鎌倉時代に渋柿の突然変異種として生まれました。

未熟な青い柿は渋くて食べられません。柿に含まれるタンニンは、はじめは水溶性で渋みになりますが、実が熟すと不溶化し、渋が抜けて甘くなります。実がとろとろに完熟してやっと渋が抜けるのが渋柿、中途で抜けるのが甘柿です。どんな渋柿も完熟すれば甘くなるし、アルコールなどでも渋抜きできます。

柿は本来、けものや鳥に食べられてタネを運ばせています。未熟果の渋みは動物を阻止する防衛。完熟果の甘みは食欲をそそる誘惑。完熟する前に甘くなってしまう甘柿は、野生植物なら欠陥品です。最近はさらに改良が進み、種なし柿が出回っています。野生なら最悪の欠陥品ですよね！

落葉広葉樹
虫媒花

ヤマボウシ

Cornus kousa

family: ミズキ科 | genera: ミズキ属

被食散布・核（フルーツ）
核果の集合果、甘い果肉

→多数の花が１個の実に育ちます。蜂の巣状の仕切りは別々の花だった名残です。

おいしく合体！国産トロピカルフルーツ

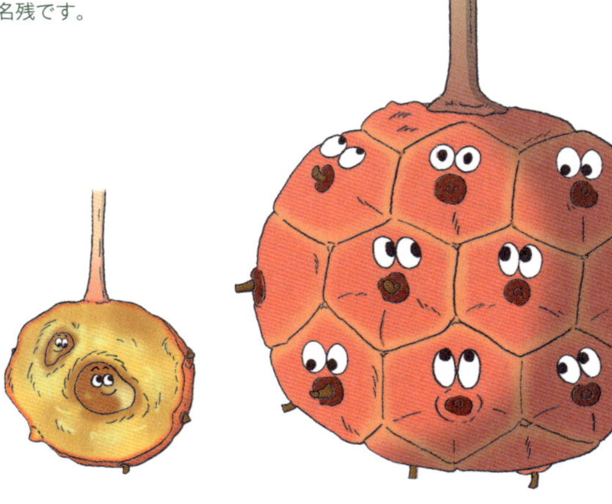

NO. 51

PROFILE

出身地	日本
住まい	山の林、庭や公園
誕生月	6月
成人時期	9～10月
身長	5㎜（種子） 1～2㎝（実）

食
薬
染
観
遊
他

果肉はマンゴーに似た味。花も実も紅葉もきれいで庭に植えられる。

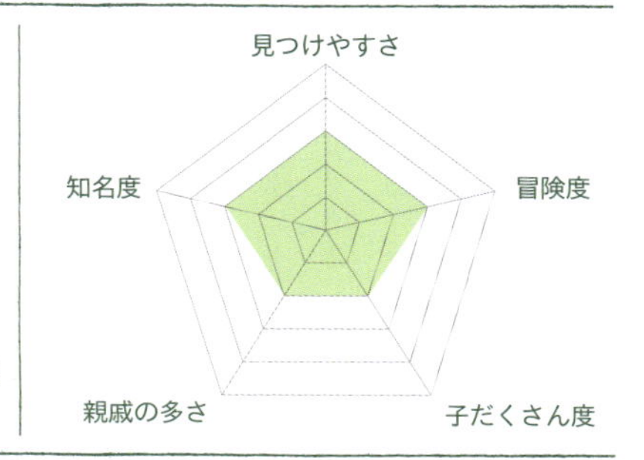
見つけやすさ
冒険度
子だくさん度
親戚の多さ
知名度

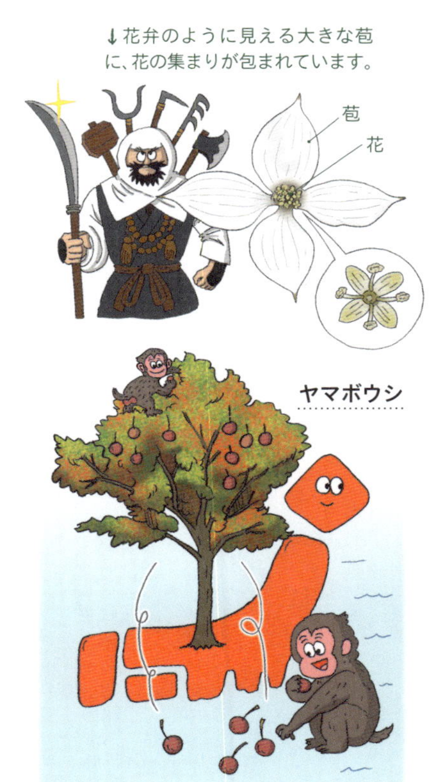
↓花弁のように見える大きな苞に、花の集まりが包まれています。
苞
花
ヤマボウシ

ハナミズキ
↓アメリカ生まれのハナミズキは、同じような花なのに、実は独立しています。
苞
小花
←鳥は視覚は発達しているけれど、嗅覚は悪いので、匂いを出す必要もありません。
I ♥ USA

↑日本では、サルを利用する果実として進化。実を地面に落とし、嗅覚が発達したサルを甘い匂いで誘います。

↑サルのいない北アメリカでは、鳥を利用する果実として進化。鳥のための一口サイズの実で、ずっと木の上に残っています。

初夏、白い十字型の花を枝の上面に咲かせます。花びらに見えるのは4枚の総苞片（葉の変形）で、その中心に多数の小花が集まっています。

　花後、小花同士は癒合して1個の丸い実に育ちます。小花の境は、表面の線として残っています。秋にサンゴ色に熟れた実は、とても美味。果肉はマンゴーに似て黄色く甘くとろけ、生食のほか果実酒やジャムもできます。

　ヤマボウシに似た花をつけるのがハナミズキ。同じ祖先から分かれた兄弟分ですが、北米に渡ったハナミズキでは小花が1個ずつ実になるので金平糖状になります。秋に赤く熟しますが、味は苦くて食べられません。

　日本のヤマボウシはサル向けの大粒のフルーツになりました。でもサルのいない北米大陸の仲間は、鳥に適した小粒の苦くて赤い実になったのです。

Column 11

似てる？ 似てない？
イチゴ、キイチゴ、クワの実

▶イチゴの花。中央の球状の部分が花床、その上のつぶつぶして見えるのが雌しべで約100本あります。

イチゴ

栽培されているのはオランダイチゴ。
バラ科の多年草です。

タネ
（痩果）

▲食用部分は肥大した果床ですが、表面についている多数のタネ（痩果）が、つぶつぶした楽しい食感を添えています。

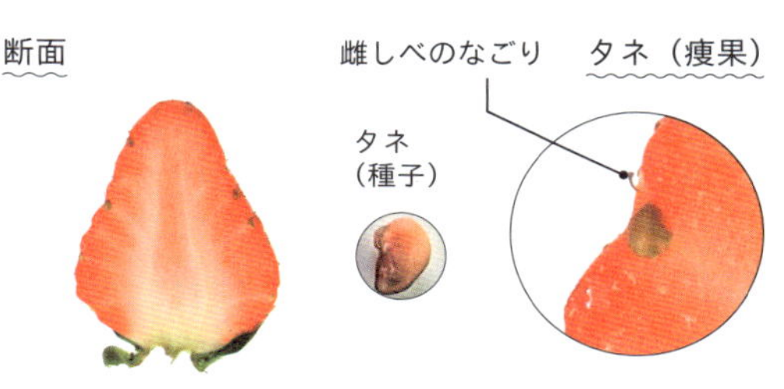
断面
雌しべのなごり
タネ（痩果）
タネ
（種子）

▲実が育つにつれ、花床が肥大して果床となります。白いすじは、実に栄養を運ぶ管です。

▲表面のつぶつぶが本当の果実で、果肉をもたない痩果です。拡大して見てみると、雌しべの名残があります。

イチゴは英語でストロベリー、キイチゴの仲間はラズベリーと呼ばれます。ともにバラ科の甘酸っぱい果実で、鳥や動物が食べてタネを運びます。どちらも1個の花から多数の実ができる集合果で、「ベリー」と呼ばれています。しかし、それぞれジューシーに太る部分が違っていて、少し観察すれば見た目も違うことがわかります。花の土台花床が太るのがイチゴ、花床の上に載っている実の一粒一粒が太るのがキイチゴの仲間です。

カイコの飼料であるクワも、実れば甘酸っぱいフルーツです。クワ科の植物ですが、海外ではマルベリーの名で果樹として栽培されています。キイチゴとクワの実は、見た目もつぶつぶの食感もそっくりですが、つくりはまったく異なります。クワの実は多数の花からなる花序から育った集合果（厳密には複合果）。つまり一粒が一つの果序ということになります。さらに、ジューシーに太るのは実そのものではなく、実を包みこむ花被（萼）が太って多肉化しています。

キイチゴ

イチゴと同じバラ科ですが木になるので「木」イチゴ。
粒が集まったらおいしい。

▲キイチゴの1種ナワシロイチゴの花。紅色の花はこれで満開。

果床

果床は肥大しません。

集合果の断面

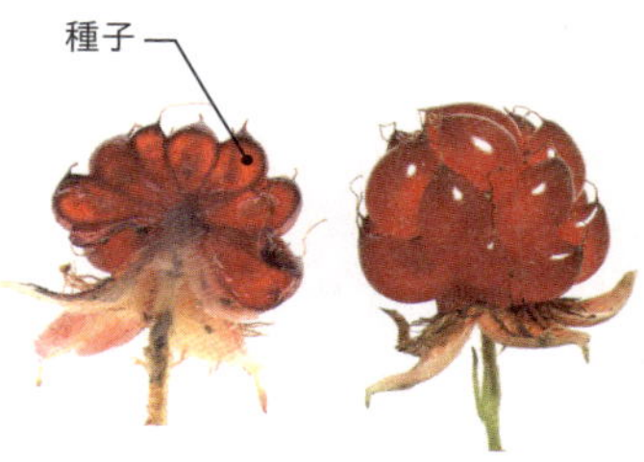
種子

▲ナワシロイチゴの実。大きく太った実が集まった集合果です。

タネ

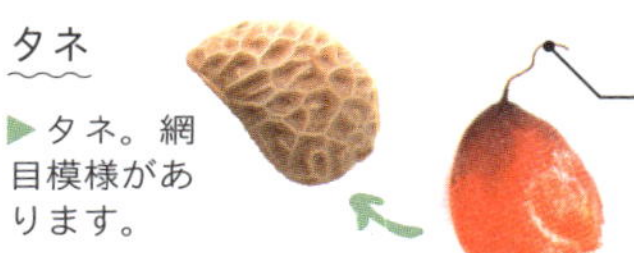
雌しべのなごり

▶タネ。網目模様があります。

▶1粒の実。中に1つずつタネがあります。

クワ

クワ科の落葉樹で、葉はカイコの食べものとして
知られています。写真は野生種のヤマグワ。

▲ヤマグワの実。赤から黒に熟します。赤と黒の2色効果で鳥を呼んでいます。

タネ

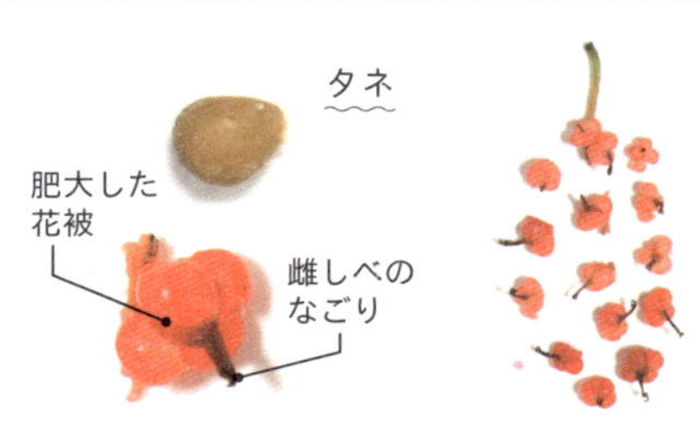
肥大した
花被
雌しべの
なごり

▲1粒の実。中に1つずつタネがあります。

▲集合果をばらばらにしてみたところ。

▲熟すにつれて白から赤になり、最後に黒くなります。

▲ヤマグワの若い実。集合果で黒く熟します。

▶ヤマグワの雌花序。風媒花で、細長く見えるのは雌しべです。

落葉広葉樹
虫媒花

ナツグミ

Elaeagnus multiflora

family: グミ科 | genera: グミ属

被食散布・種子（フルーツ）
偽果、萼筒が多肉化

甘くてちょっと渋い ラメの誘惑

→きらきら輝く
グミの実。

NO.52

PROFILE

出身地	日本
住まい	野山の明るい林、庭や公園
誕生月	4～5月
成人時期	5～6月
身長	9㎜（種子） 1.2～1.5㎝（実）

食 薬 染 観 遊 他

実は赤く熟して食べられる。庭木、生け垣、公園樹として栽培される。

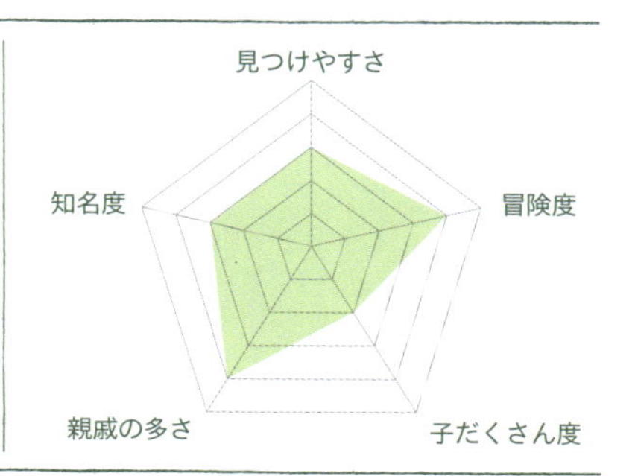
見つけやすさ
冒険度
子だくさん度
親戚の多さ
知名度

パクッ
ペッ
←タネには大きな溝があります。
←甘酸っぱくて渋い実。最近は市販もされています。

グミのなかまいろいろ

ナワシログミ

→実の先にしばしば萼筒のなごりを付けたまま熟します。

アキグミ

→イクラの粒のような小さめのキラキラ果実は甘い味。

ビックリグミ（ダイオウグミ）

←大きくて食べ応えがあり、果樹としても栽培されています。

名前はグミでも、お菓子のグミとは違います。樹木のグミ（茱萸）の仲間で、夏に実が熟すのでナツグミです。里山の道端や雑木林に生え、実が食べられるのでよく庭にも植えられます。

グミの仲間の枝や葉には鱗状毛があり、それがラメのように光ります。葉の裏面は、ことに白銀色に輝きます。花には花弁がなく萼でできていますが、その表面もキラキラです。

実は長さ1.5㎝ほどで、枝に垂れて赤く熟します。甘酸っぱくて美味ですが、ちょっぴり渋みも伴います。ですが、これも個性のうち。幸いにして、渋みは口に長くは残りません。

実の表面もキラキラ光ります。この実は実そのものではなく、萼筒に包まれた実が萼筒と一体化したもので、偽果の一種。実のきらきらは、萼筒の表面についていた鱗状毛に由来します。

つる性半落葉広葉樹
虫媒花（雄花と雌花）

アケビ

Akebia quinata

family: アケビ科　　genera: アケビ属

被食散布・種子（フルーツ）
液果、甘い果肉

割れてぷるるん
里山のフルーツ

NO. 53

PROFILE

出身地	日本
住まい	野山の林、庭や公園
誕生月	4～5月
成人時期	9～10月
身長	5㎜（種子） 5～10㎝（実）

食
薬
染
観
遊
他

果肉は甘く食べられ、果皮も料理して食べる。棚仕立てで庭に植える。

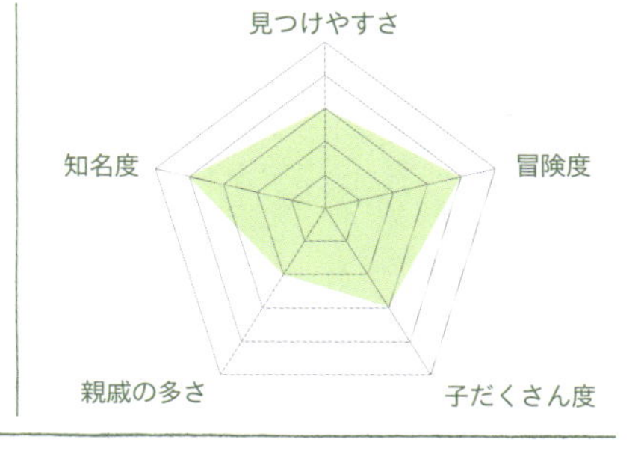
見つけやすさ
冒険度
子だくさん度
親戚の多さ
知名度

↓タネはつるつるすべるので、かみ砕かれることなく、サルの鋭い歯の間をすり抜けます。
↓丈夫な皮の中の果実はとっても柔らか。ちょっとバナナに似ていますね。
エライオソーム
↖ゼリー状の果肉の中には硬いタネがぎっしり。
プッ
プッ
←ゼリー状の綿は、人間にはおいしいデザート。ちょっとタネが邪魔だけど。
プリッ
ポイッ
↑うんちといっしょに外に出たら大成功。
↑エライオソームに誘われて、アリがタネを運びます。

アケビは里山の秋の味覚。果皮が割れたら食べ頃です。白く半透明の果肉は上品な甘さの和菓子を思わせますが、タネが多数あるので、ぷっぷっと飛ばしながら食べることになります。

厚い皮をむくと甘く滑らかな果肉がタネをくるんでいる、という形状は、バナナの野生種に似ています。じつは、どちらもサルが食べてタネを運ぶように進化した果実です。タネは果肉ごと口に入ると牙を避けてつるんと喉に滑り込みます。アケビのタネには白い付属物もあり、外に出るとアリにさらに運ばれます。

アケビは葉が5枚一組ですが、同属で葉が3枚のミツバアケビもよく似た実をつけ、山形県を中心に栽培もされます。その山形では、中身の果肉よりも、苦みのある果皮を肉詰め料理などに珍重するのだそうです。

落葉広葉樹（植栽）
虫・鳥媒花（雄花と両性花）

ウメ

Armeniaca mume

family: バラ科 | genera: サクラ属

被食散布・核（フルーツ）
核果、「さね」は核

誘いと守りの核心部 天神様の酸っぱい実

クンクン

NO. 54

PROFILE

出身地	中国
住まい	庭や公園、果樹園
誕生月	2～3月
成人時期	6月
身長	6～15㎜（種子） 1.5～5㎝（実）

食 薬 染 観 遊 他

実は梅干し、梅酒などに加工され、薬用にも。観賞用の品種もある。

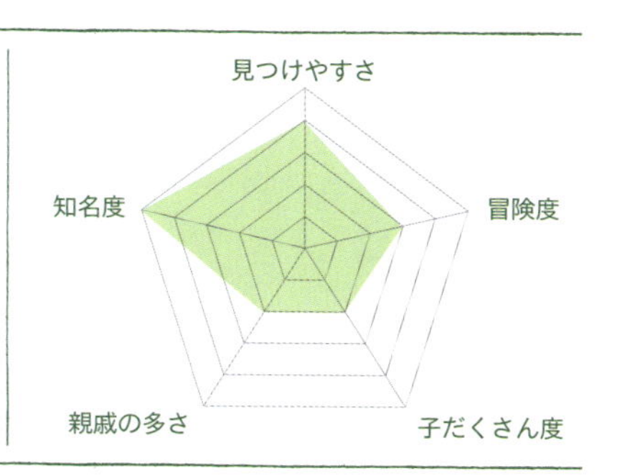
見つけやすさ
冒険度
子だくさん度
親戚の多さ
知名度

ビシッ
ビシッ
ウーイ
べろんべろん
クンクン

↓タネや未熟な果肉には青酸化合物のアミグダリンが含まれています。動物が食べて体内で分解されると有毒な青酸が発生します。

↑青い実でも、梅酒にしてしまえば大丈夫。

←果肉は核から離れにくく、いつまでもぺろぺろと食べているうちに、遠くまで運ばれます。

←梅雨時に熟して良い匂いを放ちます。

↑頑丈な核の中に、柔らかなタネが守られています。梅干しの「天神様」とか「仁」とか呼ばれている部分です。

↑甘酸っぱい果肉の中に核があり、核の中にタネがあります。

ウメは早春の風物詩ですが、じつは中国原産で、古い時代に渡来しました。今では日本の風土や人の暮らしにすっかり溶け込んでいます。

ウメの実の熟す頃に降る雨は「梅雨」。黄色く熟した実はぼたぼた落ちて発酵臭を放ちます。けものを呼んで果肉を食べさせ、頑丈な「核」に収納したタネを運ばせようという魂胆です。

「核」とは、硬く肥厚した内果皮と種皮が種子を二重に包んだもの。梅干しの「さね」が核、その内部の「天神様」とか「仁」と呼ぶのが種子です。種子や未熟果の果肉は、有毒な青酸化合物を含んでいます。大切な種子は食うな、未熟なうちは食うな、というわけです。

とはいえ、人が梅干しや梅酒を食べたり飲んだりする分には、まったく心配ありません。日本独自の健康食として、大切に伝えていきたい食文化です。

常緑針葉樹
風媒花（雌雄異株）

別名：マキ

イヌマキ

Podocarpus macrophyllus

family: マキ科 | genera: マキ属

被食散布・種子（鳥散布）
種子、可食部は花托

→タネは硬く、毒もあります。そのタネを運んでもらうため、甘いゼリーの果托をおまけにつけました。

甘味とたくらみの二色だんご

NO. 55

PROFILE

出身地	日本
住まい	庭や公園、寺社（野生はまれ）
誕生月	5～6月
成人時期	10～12月
身長	10mm（種子） 2cm（果托含めて）

食 薬 染 観 遊 他　庭木、生け垣に栽培される。花托は甘くて食べられる。

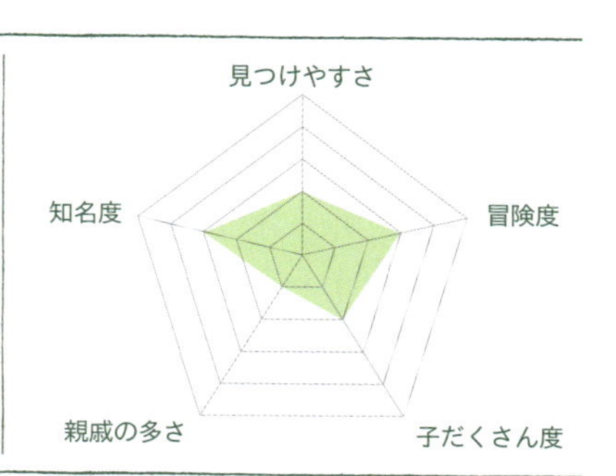
見つけやすさ
冒険度
子だくさん度
親戚の多さ
知名度

ゴックン
峠の茶屋
だんご
だんご
ゴンゴン
ウヘ〜
ペッ
種子
果托

→イチイの赤い花托は甘く食べられ、毒のあるタネは排泄されます。

↓ヤマガラは平気でタネをバリバリかみ砕いて食べますが、一部は運んで蓄えます。

↓甘いゼリーとセットのタネは、毒を含んでいます。

↘甘いゼリーにつられてパクッ。毒のあるタネは、食べられることなく運ばれます。

OK NG DOG

→でも、赤い部分は人間もおいしく食べられます。

針葉樹の一員ですが、葉は幅1㎝と幅広です。実もへんてこで、串刺し団子のようなおかしな形。しかも甘くておいしく食べられるってホント⁉

雌雄異株で、串刺し団子は雌株につきます。先端の緑白色の玉は、肥大した鱗片葉に包まれた種子で、毒を含み、食べられません。甘いのは花托（花の土台）が太った多肉質の部分で、秋に赤や黒紫に色づくとそのまま生でゼリー菓子のようにおいしく食べられます。

甘いおまけは、商売上の営業戦略。色と味に惹かれて鳥がタネを運びます。運ばれずに落下したタネは地面ですぐに発根しますが、このときゼリーは初期の水分補給源として役立ちます。

イチイも針葉樹仲間の変わり種です。種そのものは有毒ですが、タネを包むコップ状の果托は、秋には赤くて甘いゼリー質となって食べられます。

落葉裸子植物（植栽）
風媒花（雌雄異株）

別名：ギンナン（銀杏）

イチョウ

Ginkgo biloba

family: イチョウ科 | genera: イチョウ属

人為・被食？散布・種子
種子、外種皮は多肉質

地球でいちばん古いおばあちゃんの木の実

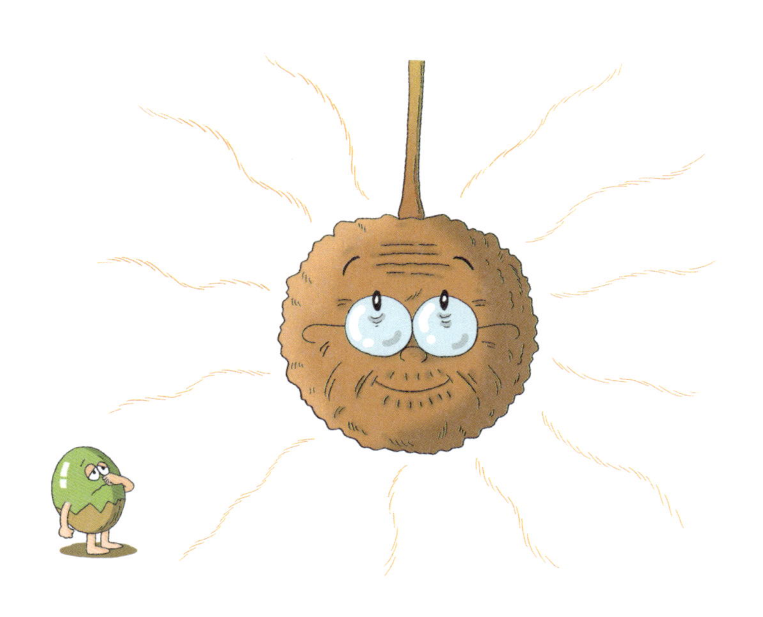

NO.56

PROFILE

出身地	中国
住まい	公園や寺社
誕生月	4～5月
成人時期	10～11月
身長	15～20㎜（種子） 3㎝（外種皮）

中国と日本ではギンナンをよく食べる。街路や公園に植えられる。

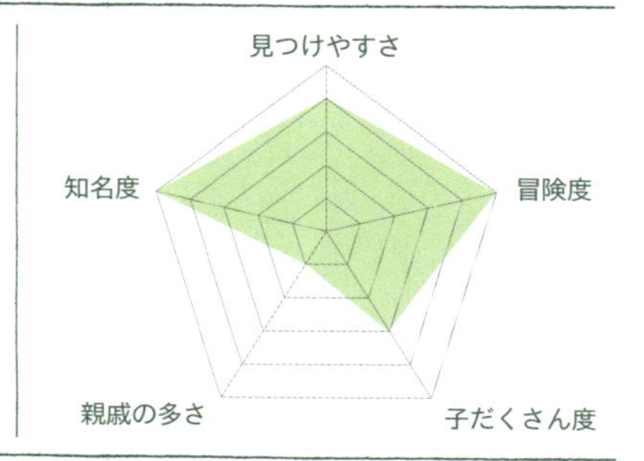

見つけやすさ
冒険度
子だくさん度
親戚の多さ
知名度

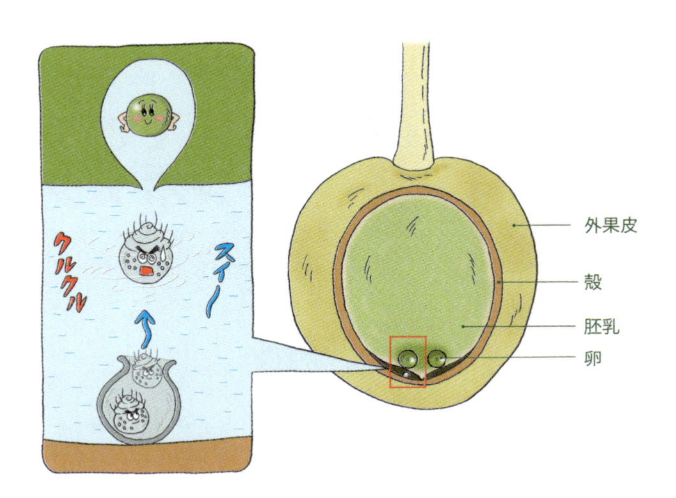
クルクル
スイ～
外果皮
殻
胚乳
卵

→花粉は雌花に届くと精子が２個つくられます。初秋の時期、精子はくるくる回りながら泳いで卵を目指します。

パクパク

→イチョウは恐竜が暮らしていた中生代に栄えた裸子植物の生き残り。

←現生の動物ではタヌキがギンナンを食べます。口のまわりや消化管はかぶれたりしないのでしょうか？

街路樹でおなじみのイチョウは雌雄異株で、雌株にギンナンが実ります。ギンナンは異臭を放つ黄色いぶよぶよの皮に包まれて地面に落下します。この皮の汁にはアレルギー物質のギンコール酸が含まれ、肌につくと皮膚炎を起こします。皮を剥ぐと硬い殻があり、殻を割って薄皮をむくと、ようやく黄緑色をしたおいしい中身の登場です。

イチョウは中生代に栄えた古い裸子植物の生き残りで、花粉から精子が作られて雌花の中を泳ぐという原始的な受精を行います。葉脈も原始的な二又分岐で、葉もカモの足に似た形です。

ギンナンの匂う肉質の外皮と硬い殻は、これが被食散布種子であることを示唆しています。イチョウが栄えた中生代、誰がこれを食べたのでしょう。いつか小型の草食恐竜の糞化石からギンナンが発見されるかも!?

Column 12

へんてこフルーツ ケンポナシ

ケンポナシは、見てびっくり、食べてびっくりの山のおいしいフルーツです。

クロウメモドキ科の樹木で、見た目はただの枝。でも魔女の節くれ立った指を思わせるこの部分がフルーツなのです。果序の肥大した軸が幾重にも直角に折り畳まれて、丸い実を内側に取り込んでいます。

花の後に、果軸の部分が太ります。果軸の先端に丸い実が小さくつきますが、果皮はガサガサと乾き、中身は硬いタネだらけ。人は、おいしい果軸だけつまんで食べることができますが、タヌキやクマは実やタネも一緒に飲み込んでしまいます。タネは硬い上に稜があり、鋭い歯の間をつるりと通り抜けます。

鼻を近づけて匂いをかいでみると、よい香り。色は地味ですが、香りの甘さの誘惑で、けものに食べてもらいたいフルーツなのです。

熟したてはナシの味と香りですが、樹上で乾いてレーズンそっくりの香りと甘みになったものが、晩秋から冬に、ばらばらと地上に落ちてきます。

果序は枝ごと落下します。長い枝や葉がヤブに引っかかり、落ち葉の底にも沈みにくくできています。

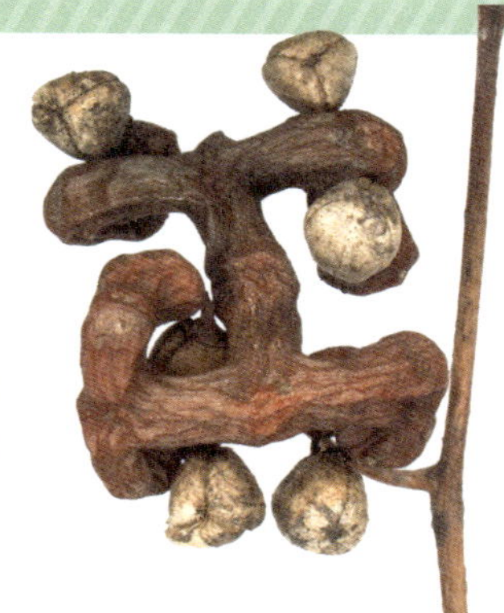

ケンポナシの果軸の一部。甘くておいしいのは果軸の部分です。

果軸だけ集めてジャムとケーキをつくってみました。

樹上の果序。

タヌキの糞の中にタネ。

9
章

きれいダネ

kirei dane

色覚の発達した鳥に食べてもらいたい実は、鮮やかな赤や青などの衣をまとって、鳥の食欲を誘います。実の大きさは、鳥が飲み込みやすい一口サイズ。毒や渋みも少しずつあちこちに運ばせる策のうち。冬やその直前は、高カロリーの実に人気が集まります。

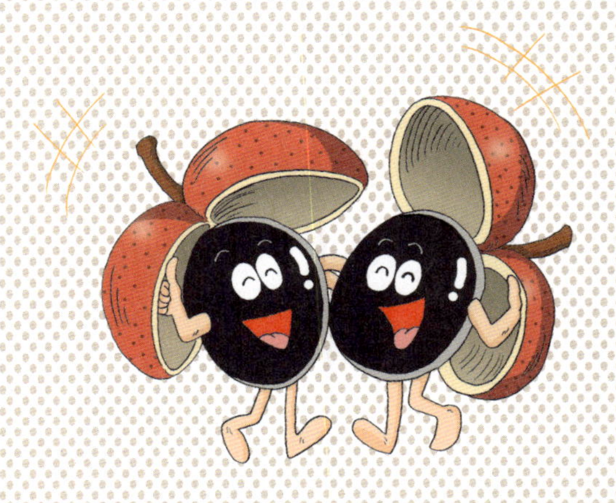

常緑広葉樹
虫媒花

クチナシ

Gardenia jasminoides

family: アカネ科　genera: クチナシ属

被食散布・種子(鳥散布)
液果、萼筒に包まれて熟す

黙して待つは熟考の一手

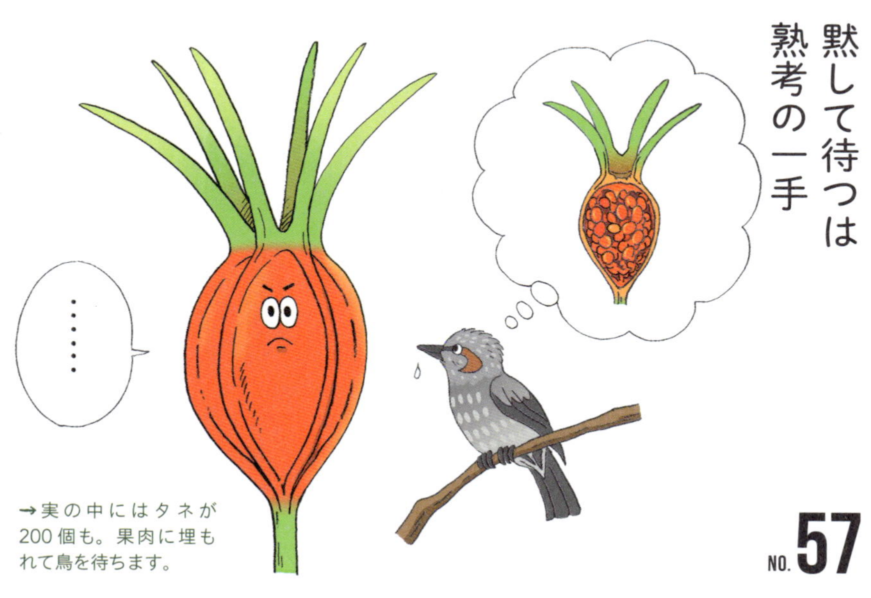
……

→実の中にはタネが200個も。果肉に埋もれて鳥を待ちます。

NO.57

PROFILE

出身地	日本
住まい	庭や公園(野生はまれ)
誕生月	6～7月
成人時期	11～1月
身長	3㎜(種子) 3～4㎝(実)

食 薬 染 観 遊 他　果肉を食品の着色に用いる。花は美しく香りがよく、庭木とされる。

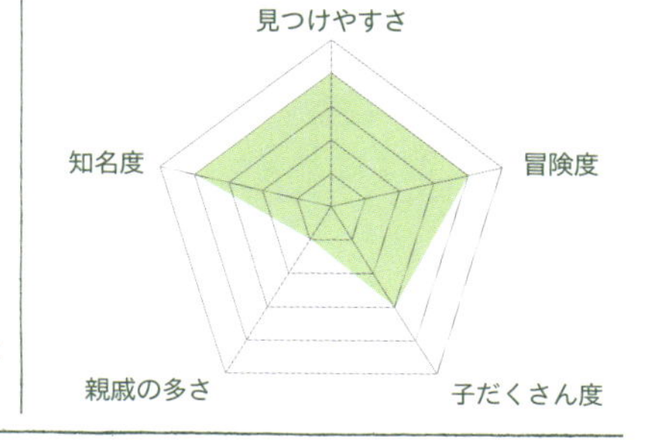
見つけやすさ
冒険度
子だくさん度
親戚の多さ
知名度

アイスキャンディ
たくあん
きんとん

←クチナシは黄色の食品色素に使われます。発酵させると青い色素にもなるんです。あのおなじみのアイスキャンディにも。

→碁盤の足はクチナシの実を模したもの。「口出し無用」のメッセージです。

夏の香り高い花は、角を突き出したような独特の形の実になり、冬を迎えて朱色に熟します。実の時期まで萼が残り、6本の萼片が角のように長く突き出しています。ふくらんだ内部には果肉に埋もれて200個ほどのタネがあり、柔らかく熟れるころに鳥がついて食べてタネを運びます。

名の語源は「口無し」で、熟しても実の口が開かないことからつきました。碁盤の膨らんだ足はこの実がモチーフですが、その心は「周りの者は口なし（口出し無用）」なのですって。

熟した実は生薬とされ、また果肉にカロチン色素を豊富に含んで黄や朱赤、それに青色の染料となり、たくあんや菓子など食品の着色料としても広く使われます。正月のきんとんを作る際に干したクチナシの実を加えて煮ると鮮やかな黄色に仕上がります。

常緑広葉樹
虫媒花（雌雄異株）

アオキ

Aucuba japonicas

family: アオキ科　　genera: アオキ属

被食散布・種子（鳥散布）
液果（核果とする見解も）

あなたがいたから赤く熟れたの

幹が青いから「青木」だよ
ホラ…赤くておいしそうでしょ?

NO.58

PROFILE

出身地	日本
住まい	野山の薄暗い林、庭や公園
誕生月	3～5月
成人時期	1～3月
身長	15㎜（種子） 2㎝（実）

食 薬 染
観 遊 他

赤い実と常緑の葉が美しく庭木とされる。昔は葉を貼り薬に用いた。

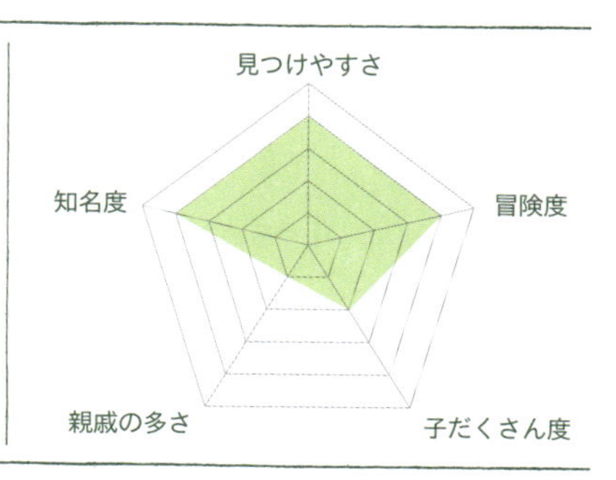
見つけやすさ
冒険度
子だくさん度
親戚の多さ
知名度

ジュル
ジョウビタキ
いただきまーす
おいしそ～
ヒヨドリ
オナガ

→実が大きいので大きな鳥しか食べられません。

↓実が大きいのは、暗い林に生えていて、お弁当をたくさん持っていないと芽が育たないからです。

ブーン

↑悩みのタネは、アオキミタマバエ。形がいびつになってしまいます。

つややかな緑葉に真っ赤な実。1770年代に来日したイギリス人はその美しさに魅了され国に持ち帰りました。美しい常緑葉は人気を博しましたが実はつきません。じつはアオキは雌雄異株。それを知らずに実をつけた雌株だけ採集したためでした。

プラントハンターのフォーチュンが来日して雄株を軍艦で運んだのは1860年。ようやく雌雄が再会し、イギリスでも赤い実がなりました。

大きめの実はヒヨドリの好み。軽く口にくわえて柔らかさを確かめ、完熟した赤い実を選んで飲み込みます。

その実がいびつに変形して赤くならない例が近年都心で増えています。これはアオキミタマバエの幼虫のしわざ。若い実に寄生すると赤くならないよう化学物質で操作し、実ごと鳥に食われないように身を守ってタネを食べます。

つる性一年草（野菜）
虫媒花（雄花と雌花）

別名：ツルレイシ、ニガウリ

ゴーヤ

Momordica charantia

family: ウリ科　genera: ツルレイシ属

被食散布・種子（鳥散布）
液果（ウリ果）、熟果は裂開

ゴーヤ母さんのふかふかゆりかご

スヤスヤ

NO.59

PROFILE

出身地	熱帯アジア
住まい	畑や庭
誕生月	6～9月
成人時期	6～9月
身長	15㎜（種子） 15～30㎝（実）

食 薬 染 観 遊 他

未熟な実は夏バテに効く健康野菜。中国には薬用品種もある。

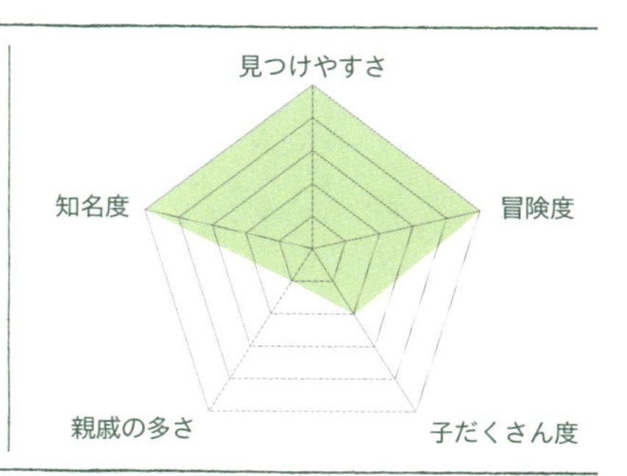
見つけやすさ
冒険度
子だくさん度
親戚の多さ
知名度

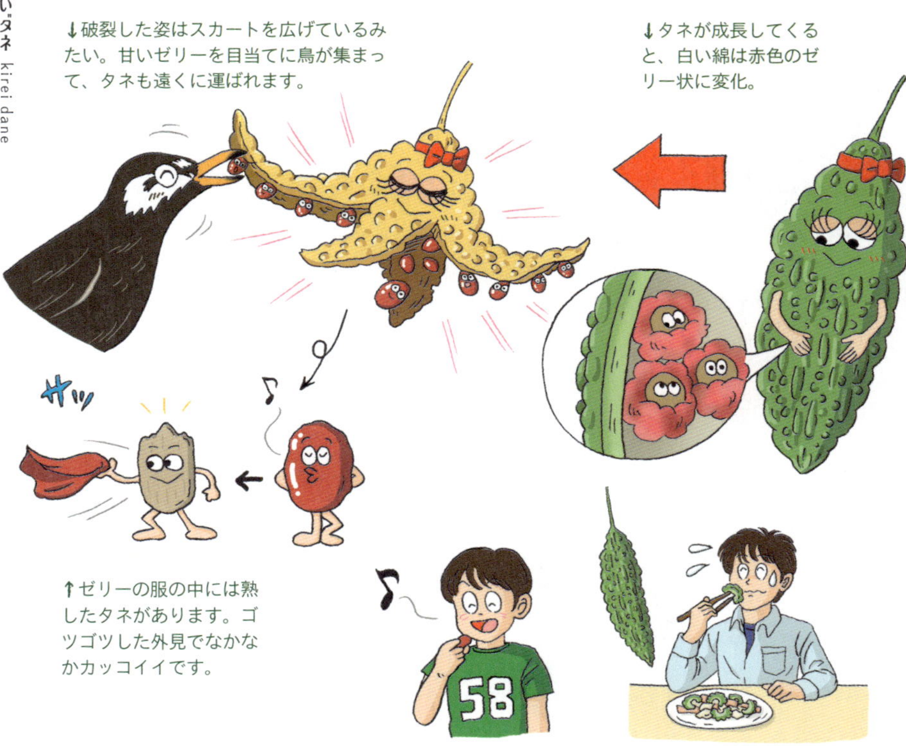
サッ

↓破裂した姿はスカートを広げているみたい。甘いゼリーを目当てに鳥が集まって、タネも遠くに運ばれます。

↓タネが成長してくると、白い綿は赤色のゼリー状に変化。

↑ゼリーの服の中には熟したタネがあります。ゴツゴツした外見でなかなかカッコイイです。

↑赤いゼリーは、人間が食べてもおいしいです。

↑青いゴーヤは苦みがクセになるおいしさ。

おなじみの夏野菜、ゴーヤ。ウリ科のつる植物で、若い緑色の実は独特の苦みと豊富な栄養を含む人気者です。苦みの主成分はモモルデシンという化学物質。未熟な実を虫や動物から守る防衛で、熟すと苦みは減ります。実の緑色が淡くなった頃が野菜としては食べ頃です。

葉陰の実は気づかぬ間に黄色くなり、ある日突然、破裂します。強烈な色の対比。裂けてめくれた濃黄色の実の内側に、真っ赤な塊がぞろぞろぞろ……。

ゴーヤのタネは仮種皮と呼ぶ層に包まれていて、未熟だと緑白色の「わた」ですが、熟すと赤いゼリー質に変わり、甘くてお菓子のように食べられます。黄色い果肉も野菜として食べられます。

ゴーヤは本来、黄色く熟した実が自ら裂けて赤くて甘い仮種皮をひけらかし、鳥にタネを運ばせる植物なのです。

つる性多年草
虫媒花（雌雄異株）

別名：タマズサ（玉章）

カラスウリ

Trichosanthes cucumeroides

family: ウリ科　genera: カラスウリ属

被食散布・種子（鳥散布）
液果（ウリ果）

ヌルヌル果肉の赤いランタン

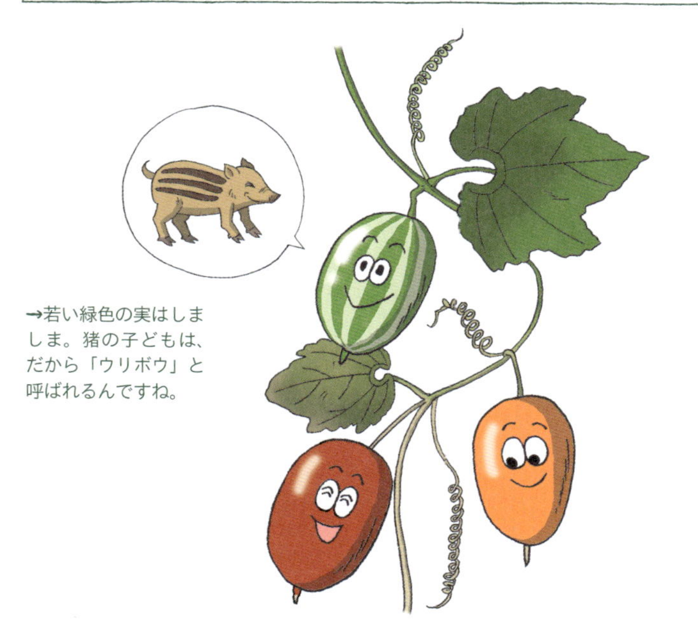

→若い緑色の実はしましま。猪の子どもは、だから「ウリボウ」と呼ばれるんですね。

NO. 60

PROFILE

出身地	日本
住まい	野山の林や草むら、公園の隅
誕生月	8～9月
成人時期	10～12月
身長	10㎜（種子） 5～8㎝（実）

食 薬 染 観 遊 他　花や実を観賞し、実はアレンジメントや遊びに。塊根は薬用。

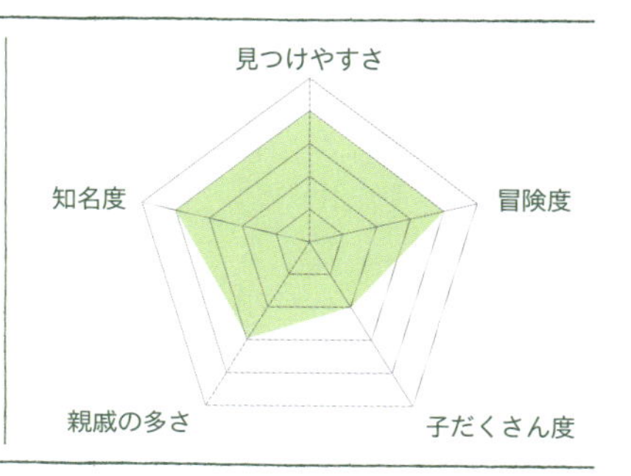
見つけやすさ
冒険度
子だくさん度
親戚の多さ
知名度

福
←タネはカマキリの頭のような形。
金運UP!
↑熟した実の中で、タネはヌルヌルに包まれています。
↑大黒様の頭や打ち出の小槌に見立てる人もいて、財布に入れれば金運アップのお守りに。
→箸でかき混ぜれば納豆のよう。
つるが地中に入ると子イモをつくり、次の年は新しい株になります。
春
翌年
秋
つるん
ゴクッ
↑タネはゴツゴツした形で飲みにくそう。でも、ヌルヌルのおかげで、鳥のお腹にすべり込みます。

藪にからむつるに、朱赤の実が鈴なりです。まるでハロウィンのランタンみたい。秋の収穫を祝う野の小人たちの、今日はパーティーなのかもね！

夏の夜に咲く白いレースのような花もきれいです。雌雄異株で、雌株には長さ約5cmの楕円形の実がなり、緑に白の縦縞の「ウリボウ」を経て目立つ朱赤に熟します。熟した実の内部はヌルヌル。果肉がぬるりとタネを包み、箸でかき回せば、はい、納豆です、なんちゃって。タネ自体はカマキリの頭に似て角張っており、鳥がタネを飲み込みやすいようにヌルヌルなのでしょう。果肉はほんのり甘い味がします。

秋にはまた、つる先が地面に向かって垂れ、土に潜って子イモを作ります。種と平行してクローン繁殖の子株を作り、仲間をダブルに増やすのです。

Column 13

タネを運ぶ？タネを壊す？

植物は動物を利用して巧みにタネを運ばせます。タネを果肉というごちそうにくるんで動物に食べさせるのも作戦の一つ。タネは動物の体内に収まって別の場所に運ばれ、肥料のウンチとともに外に出されて芽を出すというわけです。

クルミなど硬い殻のナッツは、鋭い歯を持つリスやネズミに運ばれ、土に埋められます。大半は消費されてしまいますが、一部はうまい具合に忘れられ、芽を出します。これまた植物の筋書き通りです。

しかし一方では、食べられたタネが歯や砂嚢によって完全に砕かれてしまう場合もあります。植物と動物の間には微妙なかけひきの歴史があるのです。

甘く完熟したカキの実を食べにきたタヌキ。

ホオノキの実をつつくハシブトカラス。

センダンの大粒の実を食べるのはヒヨドリ。

ツルウメモドキの実を食べるメジロ。

実を食べて種子をうんちに出す（種子散布者）

鳥のヒヨドリやメジロ、ツグミ、ジョウビタキ、ムクドリなどは、果肉をもつ実を一口で飲み込み、未消化のタネをうんちに出します。消化できない繊維質とともにタネが口から塊（ペリット）として吐き出されることもあります。キツツキやカラスも木の実をよく食べます。動物ではタヌキやサル、テン、クマ、ハクビシンなども甘い実を好んで食べてタネをうんちに出します。

ヒヨドリの糞。ヒサカキのタネが見えている。

コナラのドングリをくわえて運ぶカケス。

ホシガラスはハイマツの重要な種子散布者。

オニグルミのかたい実を割って食べるリス。

カヤの実を忙しく運んで貯えるヤマガラ。

タネを食べるが、一部は運んで蓄える（貯食散布者）

硬い殻の中に栄養をたっぷり蓄えたナッツは、貯食という習性をもつげっ歯類や鳥を利用して旅をしています。ドングリ類、クリ、ブナ、ハシバミ、オニグルミ、エゴノキ、ツバキ、ハイマツ、カヤなどがその例で、運ぶのはリスやシマリス、アカネズミ、ヤマガラ、カケス、ホシガラスなどです。地面や石垣のすきまに隠された貯蔵食の大半は冬の間に掘り出されて消費されますが、忘れられたりして残った一部が芽を出します。都合のいいことに、動物たちは芽を出すのに適した深さや環境にタネを埋めてくれるのです。

スズメはナンキンハゼの実のロウ質をつつく。

カラスザンショウの実をついばむドバト。

ノハラアザミのタネをかみ砕くマヒワ。

松ぼっくりをほじってタネを食べるイスカ。

種子を破壊して消化吸収する（種子捕食者）

マヒワやイスカ、シメなどアトリの鳥は草木のタネが好物で、本来は風に散るはずのカエデやマツ、アザミなどのタネも太いくちばしで砕いて食べます。キジやハトは発達した砂嚢で丸呑みした実をタネごとすりつぶしてしまいます。オシドリやクマもドングリを食べて消化します。シカやノウサギに食べられた実やタネも大半が消化されますが、シバのタネのように草食動物の摂食に適応して消化管を通り抜けるものもあります。

鳥がタネを飲み込まずに果肉だけを食べた場合も、タネは運ばれることになりません。

常緑広葉樹
虫媒花

センリョウ

Sarcandra glabra

family: センリョウ科 | genera: センリョウ属

被食散布・核（鳥散布）
核果、中に１個の核

過去を語るほくろ美人

NO.61

PROFILE

出身地	日本
住まい	庭や公園（野生はまれ）
誕生月	6～7月
成人時期	11～2月
身長	4㎜（種子） 0.7㎝（実）

食 薬 染 観 遊 他

庭に植え、実付きの枝は正月飾りや生花の材料。干した茎葉は生薬。

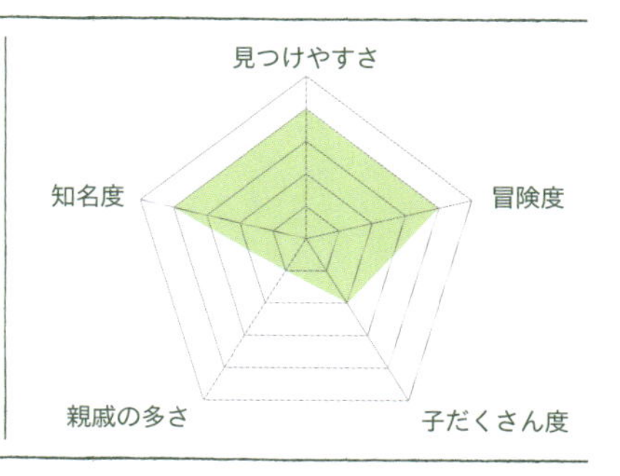
見つけやすさ
冒険度
子だくさん度
親戚の多さ
知名度

おめでたい植物図鑑

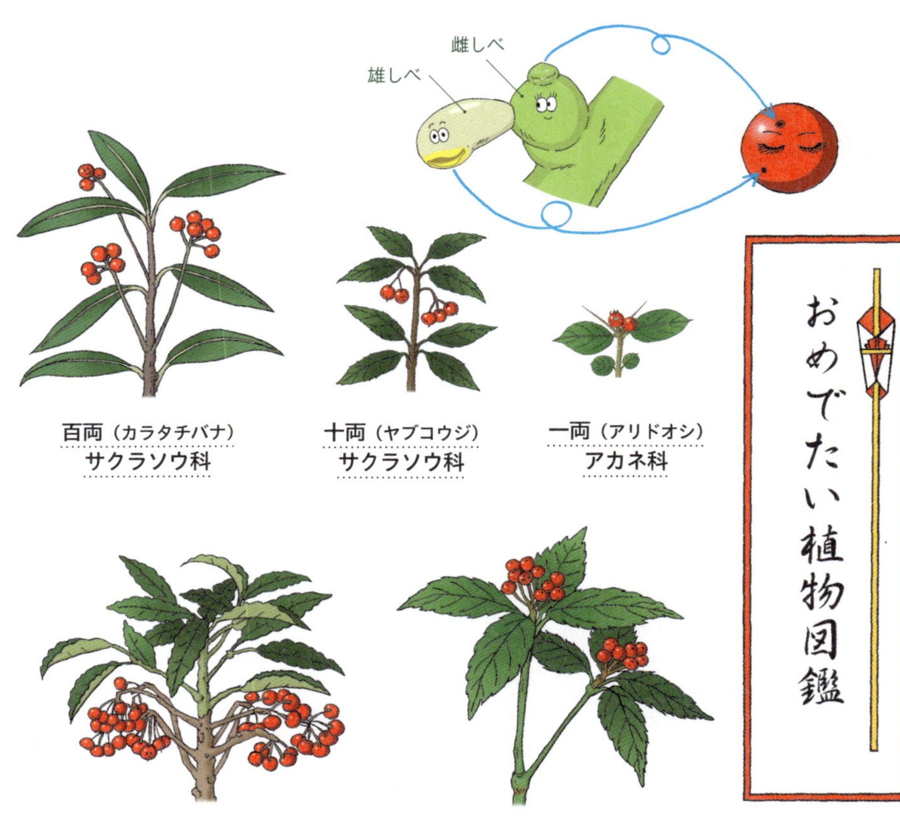
雌しべ
雄しべ
百両（カラタチバナ）
サクラソウ科
十両（ヤブコウジ）
サクラソウ科
一両（アリドオシ）
アカネ科
万両（マンリョウ）サクラソウ科
千両（センリョウ）センリョウ科

正月の赤い実。よく見ると、実のてっぺんと横腹に黒いほくろが。じつはこの点が遠い昔を伝えるのです。

さて花の形といえば、萼と花びらを広げた中心に雌しべ、それを囲んで雄しべがつくのが一般的。ところがセンリョウの花は違います。花びらや萼はなく、ずんぐりした雌しべの横腹に雄しべが1本ずどんとついて、それだけ。なんと変わった花なのでしょう！

センリョウは古い時代に生まれた原始的な被子植物で、雌しべの横腹に雄しべというシンプルな花をつけます。いわば生きた化石。今ではこの仲間だけが伝えるレトロな花の姿です。

雌しべは丸い実に育ち、横腹の雄しべも枯れ落ちますが、てっぺんの柱頭の跡と雄しべの跡は黒い点となって赤く熟しても残ります。遠い昔を語る小さなほくろ、探してみてくださいね。

つる性常緑広葉樹
虫媒花（雄株と雌株と両性株）

サネカズラ

Kadsura japonica

family: マツブサ科 | genera: サネカズラ属

被食散布・種子（鳥散布）
液果の集合果

こっちはお菓子の「鹿の子」だよ

和菓子じゃないよ！
木の実だよ！

NO.62

PROFILE

出身地	日本
住まい	野山の林、ときに庭や公園
誕生月	6～8月
成人時期	11月
身長	5㎜（種子） 0.8㎝（実）/3～4㎝（集合果）

食 薬 染 観 遊 他
観賞用に栽培される。昔は枝の粘液を髪を固めるのに用いた。

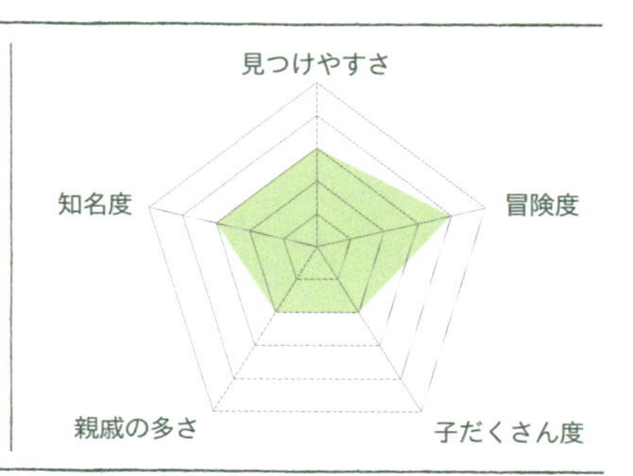
見つけやすさ
冒険度
子だくさん度
親戚の多さ
知名度

ポイッ
↓ふんとともに出されるタネは白い勾玉のような形。
→果床の中は白色でふかふか。もちろんタネはありません。
↑実をはぎとられて果床だけになると、さくらんぼのように見えます。

百人一首にも詠われる常緑のつる。昔は枝の粘液を集めて男性の整髪料にしたので「美男葛」の名もあります。

冬に赤く熟した実は、和菓子の「鹿の子」を思わせます。つやつやした丸い実のつぶが丸い土台（果床）の表面を覆っているのです。1個の花の中心に多数の雌しべがあり、それぞれが実に育つ結果、こんな形になりました。

見た目は「鹿の子」ですが、人間が食べても甘みもなくてまずいだけです。でも鳥は実を食べて、植物の思惑通り、タネを違う場所に運んで落とします。

鳥の訪問のたびに「鹿の子」のつぶは減り、最後は土台の果床が残ります。赤い果床が長い柄に垂れて、今度はサクランボにそっくりです。これも試食すると、赤いのは皮だけで、内側は白いスカスカの塊で味も栄養もなさそう。鳥もこの部分は食べません。

落葉広葉樹
虫媒花（雌雄異株）

ハナイカダ

Helwingia japonica

family: ハナイカダ科 | genera: ハナイカダ属

被食散布・核（鳥散布）
核果、中に1個の核

葉っぱに載せて さあ、召し上がれ

葉っぱとボクは一体だよ

→葉っぱの上にちょこんと実がのっています。

NO.63

PROFILE

出身地	日本
住まい	野山の林、ときに庭や公園
誕生月	5～6月
成人時期	8～10月
身長	5㎜（種子） 1㎝（実）

食 薬 染 観 遊 他
実の様子が面白く、茶花とされる。熟した実は甘く食べられる。

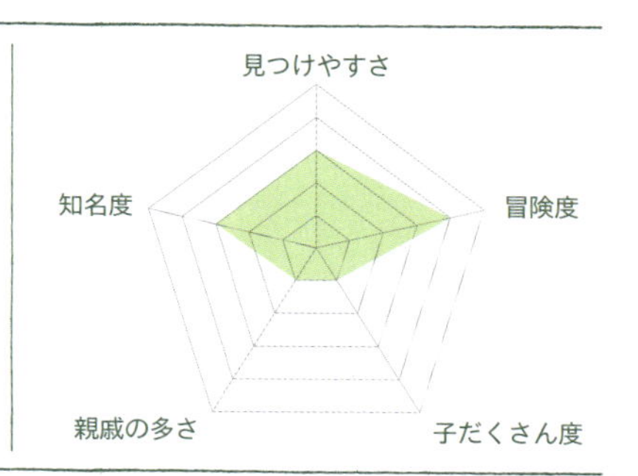
見つけやすさ
冒険度
子だくさん度
親戚の多さ
知名度

ちゅ〜
ゴクゴク
↓よく見ると、実までの葉脈が太い。花や実の柄が葉脈にくっついているのです。
↓雌花と雄花があります。
雌花
雄花

↑実の中のタネは4個。葉っぱの上で実はジューシーに育ちます。

あれれ？　葉の上に実がなってる？　花も葉の上で咲くので「花筏」。野山の林に生える落葉低木で、姿が面白いので茶庭にも植えられます。

一体、どうなっているのでしょう。植物の体で、葉や花はかならず茎を介してその先に作られるというのが鉄則です。葉から直接葉が出たり花が咲いたりすることはありえません。

よく見ると、実や花がついている部位から葉柄までの間は、中央の葉脈が太くなっています。じつは、花や実の柄が葉脈と癒合していて、それで葉の中央に花や実がつくように見えます。

雌雄異株で、雄株は葉の上に数個の雄花を咲かせ、雌株はふつう1個、時に2、3個の雌花を咲かせて実をつけます。実は夏から秋に黒紫色に熟し、甘酸っぱく食べられます。自然界では鳥が食べてタネを運びます。

落葉広葉樹
虫媒花

ムラサキシキブ

Callicarpa japonica

family: シソ科　genera: ムラサキシキブ属

被食散布・種子（鳥散布）
液果、中に４個の種子

才色兼備の麗しい実

↑小さな実は美しい紫色で、小鳥たちに人気です。

NO.64

PROFILE

出身地	日本
住まい	野山の林、ときに庭や公園
誕生月	6～7月
成人時期	10～1月
身長	2㎜（種子） 0.4㎝（実）

食 薬 染 観 遊 他　観賞用に栽培されるが、同属のコムラサキの方がよく植えられている。

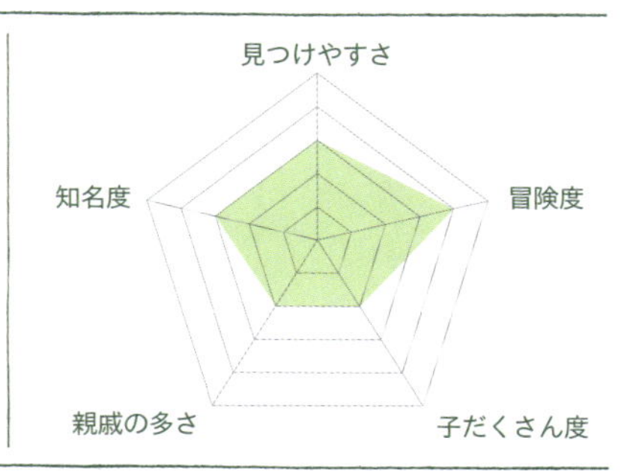
見つけやすさ
冒険度
子だくさん度
親戚の多さ
知名度

ムラサキシキブ
→枝ぶりはやや奔放です。
紫式部
紫式部
(978~1016年)
めぐり逢ひて
見しやそれとも
わかぬまに
雲がくれにし
夜半の月かな
↑名前は紫式部にちなんでいます。
小式部内侍
小式部内侍
(999~1025年)
大江山
いく野の道の
遠ければ
まだ文も見ず
天橋立
コムラサキシキブ
↑名前は、同じく平安時代の女性、小式部内侍にちなみます。
←枝ぶりは整然としています。

秋の雑木林をきれいな紫色で彩るのがムラサキシキブ。源氏物語の作者である平安時代の才女「紫式部」の名にちなむ美しい実です。

赤や黒の派手な衣装を着た目立ちたがりのライバルも多い中で、ムラサキシキブは自分の色と才を際立たせながらもぐっと控えめで上品です。小鳥の口に合わせた小さな実は葉のわきに集まり、長くみずみずしさを保ちます。小粒の実はほのかに甘く、メジロやジョウビタキが食べてタネを運びます。

仲間のコムラサキもよく庭に植えられています。同じく平安の女流歌人の小式部内侍にちなんで「小式部」とも呼ばれ、弓なりに枝垂れた細い枝の上面に紫色の実が凝集してつくのが特徴です。以前はクマツヅラ科でしたが、DNAに基づく最新の分類体系ではともにシソ科のメンバーになりました。

多年草
虫媒花（雄花と両性花）

ヤブミョウガ

Pollia japonica

family: ツユクサ科　genera: ヤブミョウガ属

被食散布・種子（鳥散布）
液果だが熟すと乾く

ベリーと見せて中身は砂!?

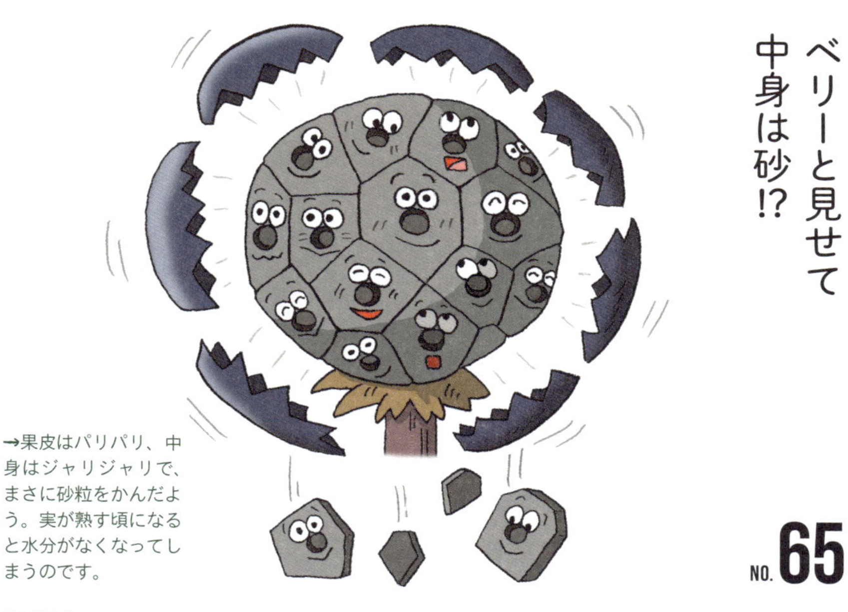

→果皮はパリパリ、中身はジャリジャリで、まさに砂粒をかんだよう。実が熟す頃になると水分がなくなってしまうのです。

NO. 65

PROFILE

出身地	日本
住まい	野山の薄暗い林
誕生月	8〜9月
成人時期	8〜12月
身長	1㎜（種子） 0.5㎝（実）

食 薬 染 観 遊 他　実や花はきれいだが栽培されない。山菜や薬草としての利用もない。

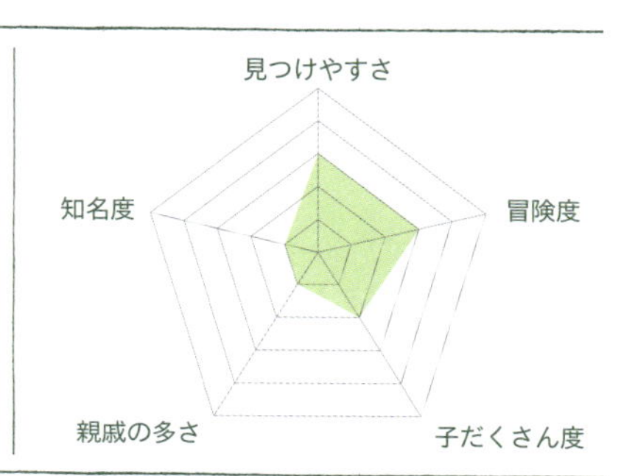
見つけやすさ
冒険度
子だくさん度
親戚の多さ
知名度

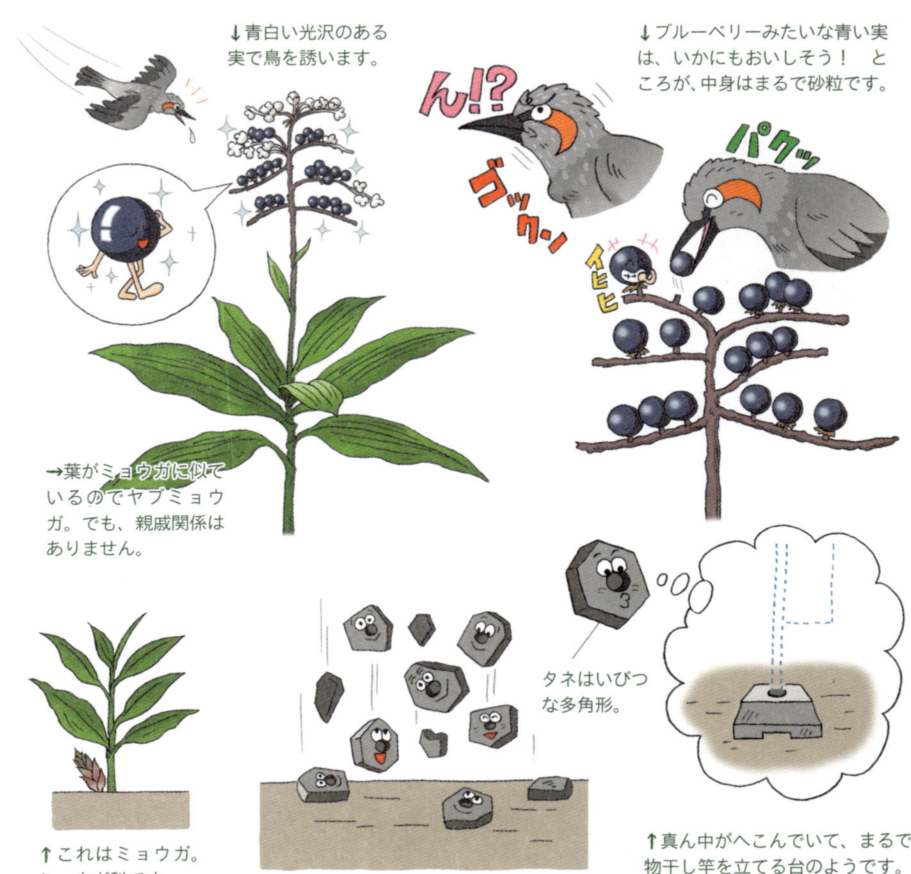
↓青白い光沢のある
実で鳥を誘います。
↓ブルーベリーみたいな青い実
は、いかにもおいしそう！　と
ころが、中身はまるで砂粒です。
ん!?
ゴックン
パクッ
イヒヒ
→葉がミョウガに似て
いるのでヤブミョウ
ガ。でも、親戚関係は
ありません。
タネはいびつ
な多角形。
↑これはミョウガ。
ショウガ科です。
↑真ん中がへこんでいて、まるで
物干し竿を立てる台のようです。

暖地の林に生える多年草で、都心の公園でも見かけます。大きな葉がミョウガを思わせますが、実際は縁の遠いツユクサ科で、初秋に高さ1mほどの花茎を立てて白い花を咲かせます。

花は次々に実になり、青白い光沢を帯びた藍黒色に熟します。色調はブルーベリーにちょっと似ていかにも鳥が好きそうですが、実際はあまり食べてもらえず、冬でも実が残っています。

実を一粒、指でつぶしてみました。びっくり。果皮は粉々に壊れ、ざらざらと砂粒がこぼれ出たのです。

砂粒はタネでした。虫眼鏡で見ると台形で中心に穴があり、どこかで見たと思ったら、そうだ、物干しを立てるコンクリートの土台石に似ているのでした。水気も素っ気も養分もない硬い砂粒の詰まった実。おいしい実を偽装する栄養価ゼロの実なのでした。

常緑多年草
虫媒花

別名：ジャノヒゲ（蛇の鬚）

リュウノヒゲ

Ophiopogon japonicus

family: キジカクシ科 | genera: ジャノヒゲ属

被食散布・胚乳（鳥散布）
種子、果皮は剥落する

心も弾む森陰の碧玉

RYUNO HIGE

NO.66

PROFILE

出身地	日本
住まい	野山の林、庭や公園
誕生月	7～8月
成人時期	12～3月
身長	8㎜（種子） 1㎝（実）

食 薬 染 観 遊 他

園芸品種もある。地下の紡錘根は薬用。青い実は子供の遊び道具。

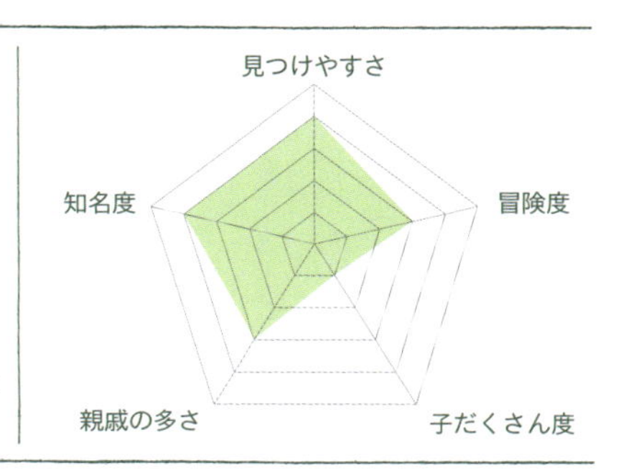
見つけやすさ
冒険度
子だくさん度
親戚の多さ
知名度

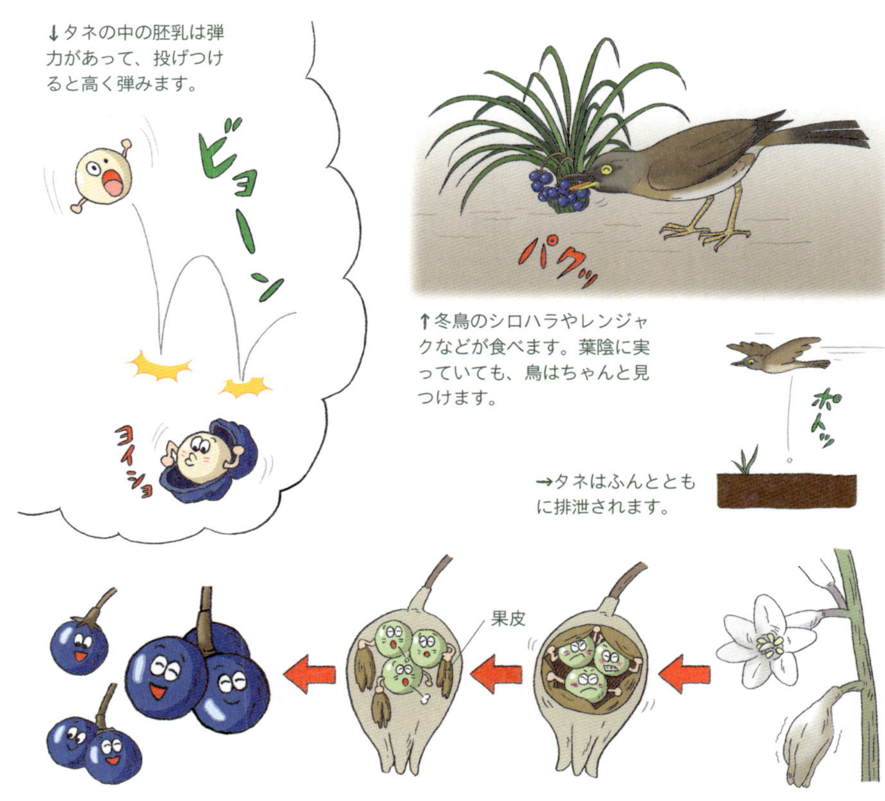

ビョーン
ヨイショ
パクッ
ポトッ
果皮

↓タネの中の胚乳は弾力があって、投げつけると高く弾みます。

↑冬鳥のシロハラやレンジャクなどが食べます。葉陰に実っていても、鳥はちゃんと見つけます。

→タネはふんとともに排泄されます。

↑１つの花から複数の実ができます。最大６個、栄養状態により普通は１〜３個です。

↑青い「実」は、じつはタネ。花が終わるとまもなく果皮を脱いでしまって、タネがむき出しで育つのです。

落葉の積もる初冬の林。細長い葉の草むらの中に、きらり、青く光る宝石を見つけました。俳句で「竜の玉」と呼ぶ実です。別名リュウノヒゲ。庭園にもよく植えられています。

青い皮をむいて取り出した乳白色のタネは弾力があり、投げつけると驚くほど高く弾みます。びっくり、天然のスーパーボールなのです。昔の子供はこの実を「弾み玉」とか「じんの実」と呼んで竹筒鉄砲の弾にしました。

この実は一風変わった育ち方をします。花が終わって実になると果皮ははがれ、種子がむき出しになって育つのです。つまり正確に言えば、青い種子であり、青い皮は種皮、乳白色のタネは胚乳にあたります。

青く美しい実は、葉陰でじっと冬の小鳥を待ちます。硬い胚乳は消化されずに外に出て、春に芽を出します。

落葉広葉樹
虫媒花

ニシキギ

Euonymus alatus

family: ニシキギ科 | genera: ニシキギ属

被食散布・種子（鳥散布）
蒴果、可食部は仮種皮

赤いベレーで歌ってスウィング

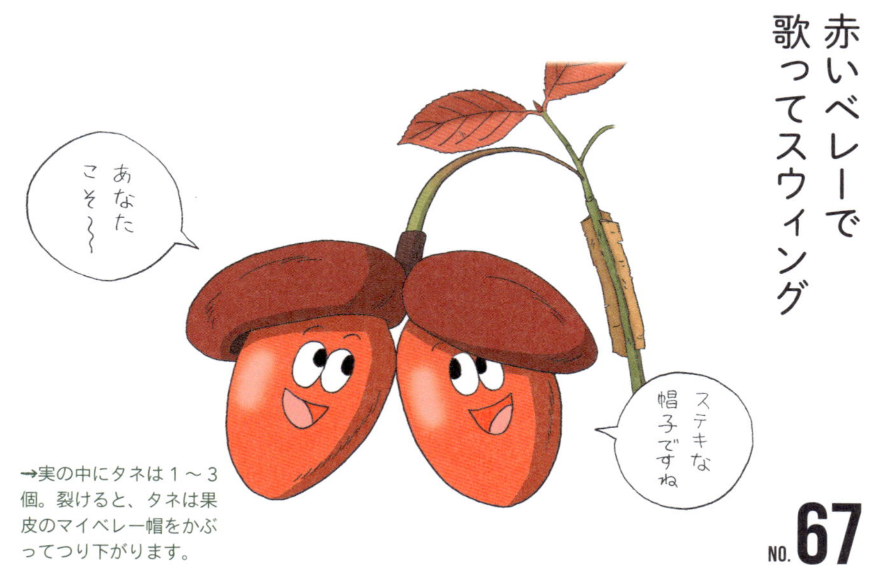
あなたこそ〜〜
ステキな帽子ですね

→実の中にタネは１～３個。裂けると、タネは果皮のマイベレー帽をかぶってつり下がります。

NO.67

PROFILE

出身地	日本
住まい	野山の林、庭や公園
誕生月	5～6月
成人時期	9～10月
身長	4㎜（種子） 1㎝（実）

食 薬 染 観 遊 他

庭木や生け垣に植えられる。枝のひれは生薬とされる。

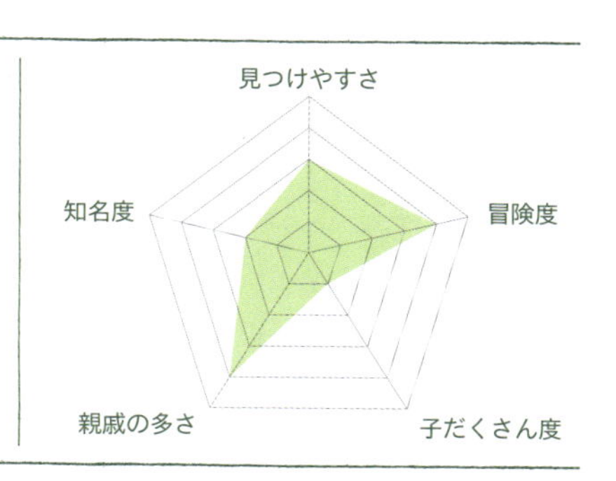
見つけやすさ
冒険度
子だくさん度
親戚の多さ
知名度

↓赤い仮種皮をつくっているぷるぷるゼリーは油分を含んでいて、これが鳥たちのごちそうになります。
たべて〜
タネ
仮種皮
←赤く熟すと果皮が裂けて、赤いプルプルとした顔をのぞかせます。母植物由来の付属物で仮種皮と呼ばれます。中にタネが入っています。
ニシキギの仲間
ツリバナ
マユミ
ヒロハツリバナ

野山に生える低木で、枝にひれが出るのが特徴です。名は「錦木」で紅葉が美しく、庭木や生垣に植えられます。

秋にはワインレッドの帽子をかぶったかわいい実がつり下がります。帽子に見えるのは裂けた果皮。実は熟すと裂け、くるりと巻いた果皮の下に赤いタネをつるすのです。1個の花から双子や三つ子の実ができることもあり、その場合は帽子の下に2個とか3個のタネがつきます。

タネは朱赤色のプルプルしたゼリー質のコート（植物学上は仮種皮（かしゅひ））をまとっています。このゼリーは油分を含み、これが鳥のごちそうとなってタネの本体が運ばれます。

同属のマユミは四角、ツリバナは丸、ヒロハツリバナはＵＦＯの形の実をつけます。ともに熟すと果皮は裂け、赤いゼリーに包まれたタネをつるします。

落葉広葉樹
虫媒花

クサギ

Clerodendrum trichotomum

family: シソ科 | genera: クサギ属

被食散布・核（鳥散布）
核果、中に1～4個の核

甘い誘惑のカクテルカラー

→清楚なお嬢さんだった花は、実になると派手なファッションに。

NO.68

PROFILE

出身地	日本
住まい	野山の明るい林や道端
誕生月	8～9月
成人時期	9～11月
身長	5㎜（種子） 0.6～0.9㎝（実）

食 薬 染 観 遊 他

花や実が美しく、海外では公園に植えられる。熟した実は染料。

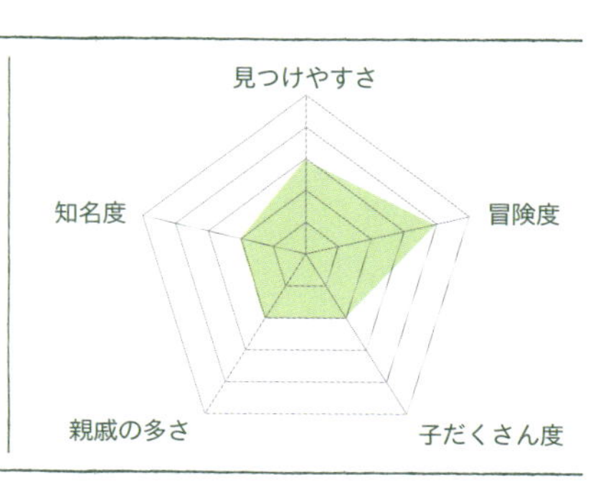
見つけやすさ
冒険度
子だくさん度
親戚の多さ
知名度

↓１個の実にタネは１〜４個入っています。

↑実の汁はきれいな青色。草木染めに使われます。

↑長い花筒の奥に蜜がたまっています。蜜が吸えるのは口の長い昆虫だけです。

自然はすばらしい芸術を生み出します。野山に生えるクサギの実は、まさに天然のブローチ。真紅の星の中心に藍色の宝玉が輝き、息をのむ美しさです。でもその裏にはある企みが。真紅と藍の鮮やかな色の対比で鳥の目を引き、タネごと実を飲み込んでもらい、あちこちにタネをまいてもらおうというのです。

夏に咲く花も、色香の誘惑で巧みにことを運びます。薄紅の萼に彩られた白い花は、細いカクテルグラスに甘い蜜を注ぎ、ジャスミンのような甘い芳香を放って客を誘うのです。アゲハ蝶や夜の蛾たちがストロー持参で訪れ、飲食の代金に花粉を運びます。

花も実も美しいクサギですが、唯一惜しいのはその体臭。葉や枝をもむとゴマに似た強い匂いがあり、名前も「臭木」となりました。

落葉広葉樹
虫媒花（雌雄異株）

ハゼノキ

Toxicodendron succedaneum

family: ウルシ科　genera: ウルシ属

被食散布・核（鳥散布）
核果、中に１個の核

?

闇を照らすロウソクの実

NO. 69

PROFILE

出身地	日本、中国
住まい	野山の明るい林、公園
誕生月	8～9月
成人時期	11～12月
身長	5㎜（種子） 0.8㎝（実）

食 薬 染 観 遊 他　果皮はロウの原料。紅葉をめでて庭園に植えられる。

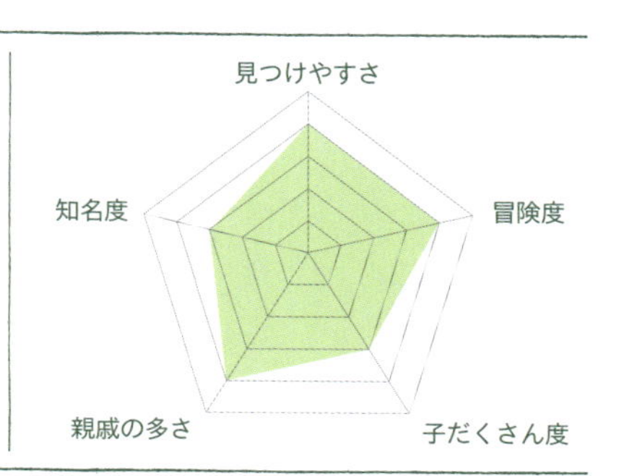
見つけやすさ
冒険度
子だくさん度
親戚の多さ
知名度

ゴンゴン
→実の中の核は、とても硬い。
↓ウルシ科の樹木で、枝や葉の乳液に触れるとかぶれます。
↓果皮を蒸し、絞るとロウが採れます。
ギュッ
↓天日にさらして白くし、ろうそくなどに加工します。

古くは中国から導入されて、ロウを採るために栽培され、今は暖地に野生化しています。紅葉が美しく庭に植えられますが、枝葉に触るとかぶれることもあるので要注意。

雌雄異株で、雌株には実が灰褐色に熟して房なりに垂れます。ハゼノキのロウは融点が高い植物油の一種で、実の総重量の約20%も含まれています。実を砕いて蒸して集めたロウから作るロウソクは、昔の貴重な明かりでした。

人間もハゼノキの分布を広げることに大いに貢献しましたが、本来の運び手は鳥です。厳しい冬を過ごす鳥は、高カロリーのロウを目当てに集まってきます。実自体は地味ですが、同時期の鮮やかな紅葉が、広告の役割を代行します。硬いタネは消化されず、排泄されるか、口から繊維質とともに吐き戻されて、あちこちに運ばれます。

落葉広葉樹
虫媒花（雌雄異株）

ヌルデ

Rhus javanica

family: ウルシ科 genera: ヌルデ属

被食散布・核（鳥散布）
核果、中に１個の核

ぱっくんごっくん ソルティースナック

グランパ
新発売
ヌルデー
スナック
しっかり塩味

↑リンゴ酸カルシウムの塩味が、鳥たちに人気です。ミネラルもたっぷり。

NO. 70

PROFILE

出身地	日本
住まい	野山の明るい林や道端
誕生月	8～9月
成人時期	10～12月
身長	4㎜（種子） 0.5㎝（実）

食 薬 染 観 遊 他

実の分泌物は塩の代用。葉の虫こぶはタンニンを含み、薬用・染料。

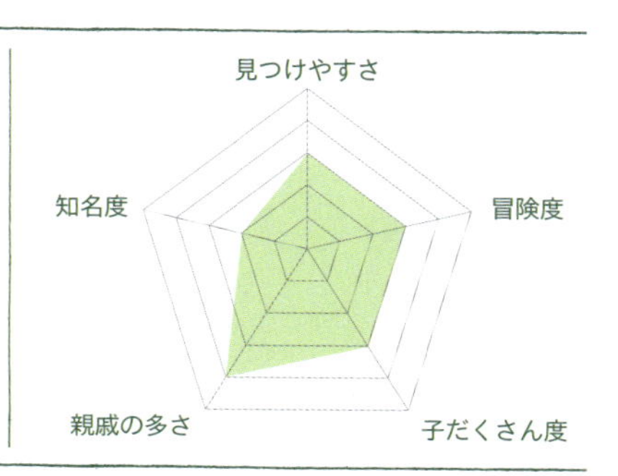
見つけやすさ
冒険度
子だくさん度
親戚の多さ
知名度

ひれ
タネです
鳥に運んでもらいました!!
ふあ〜〜あ

↓羽状複葉の中心軸に「ひれ」があるのが特徴です。

↑秋から冬にかけて木が葉を落とすと、実の房が目立ちます。

↓塩味のする実の中には硬いタネが入っています。鳥は実を食べてタネをふんの中に出します。

↑地面に落ちたタネは、日陰だと長い眠りにつきます。50〜80年くらいは軽く眠ります。

↑環境が明るくなると、硬い種皮にひびが入って吸水し、休眠が解けて発芽します。

野山の道端に多い低木で、羽状複葉の中心軸にひれがあるのが特徴です。ウルシ科の植物ですが毒性は低く、ふつうは触ってもかぶれません。

派手な外見で鳥を誘う実が多い中で、ヌルデは「ひと味」違います。鳥のニーズに応える独創的な看板メニューは、白い結晶性物質の「リンゴ酸カルシウム」。果皮の外側に分泌されて表面を白く覆います。鳥はミネラル豊富な実を食べ、タネを排泄します。

タネは硬くて頑丈で、暗い場所では50年以上も休眠し、伐採などで直射日光が差して地表温度が高くなると目を覚まします。空き地に真っ先に生える「パイオニア植物」の代表格です。

リンゴ酸カルシウムは、なめると塩に似たしょっぱい味がします。海から離れた昔の山村では「ぬるで塩」と呼ぶ貴重な調味料だったそうです。

落葉広葉樹（植栽）
虫媒花

エンジュ

Styphonolobium japonicum

family: マメ科 | genera: エンジュ属

被食散布・種子（鳥散布）
豆果、果皮は裂開しない

くびれ美人のプニプニボディー

KUBIRE BIJIN
CONTEST
ENJU

NO. 71

PROFILE

出身地	中国
住まい	公園や街路
誕生月	7～8月
成人時期	11～2月
身長	10mm（種子） 5～10cm（実）

食 薬 染 観 遊 他

街路樹とされる。果実やつぼみを干して薬用。つぼみは黄色の染料。

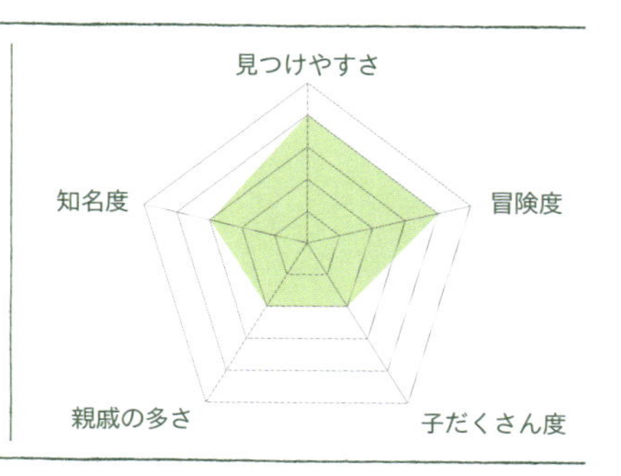
見つけやすさ
冒険度
子だくさん度
親戚の多さ
知名度

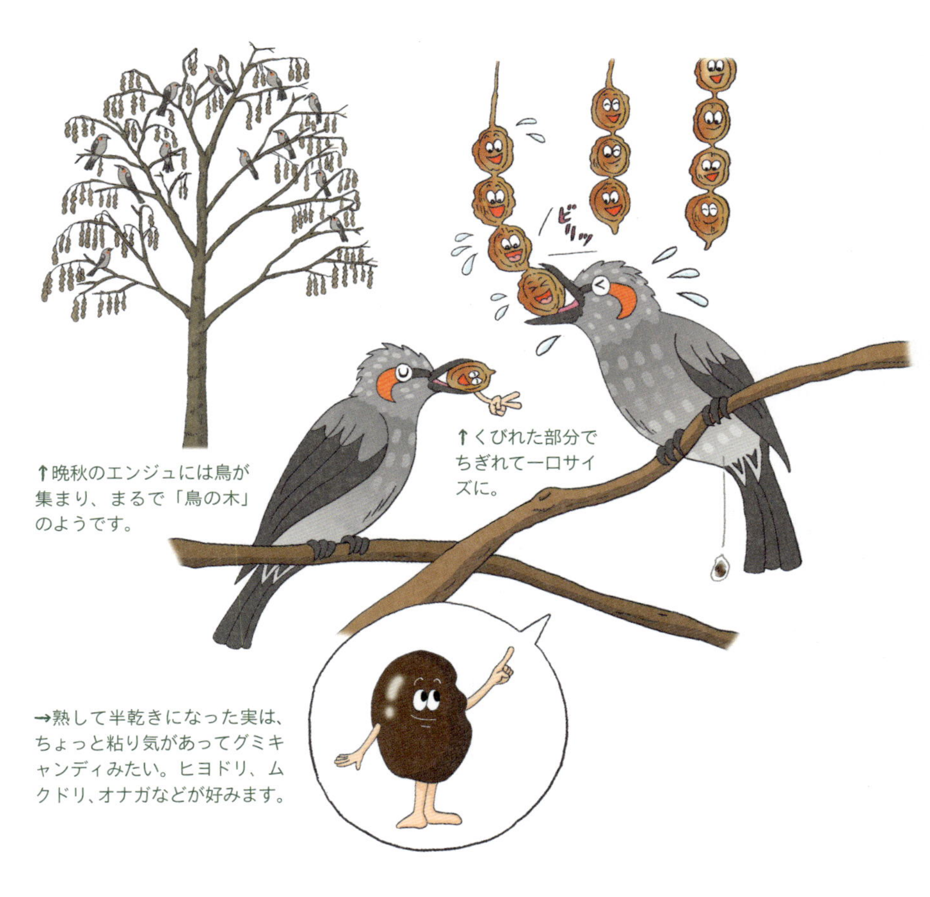
ビリッ

↑晩秋のエンジュには鳥が集まり、まるで「鳥の木」のようです。

↑くびれた部分でちぎれて一口サイズに。

→熟して半乾きになった実は、ちょっと粘り気があってグミキャンディみたい。ヒヨドリ、ムクドリ、オナガなどが好みます。

涼しげな葉と道にこぼれるクリーム色の花。故郷の中国では学問と権威を象徴する格の高い木で、昔は立身出世を願って家の角に植えました。

秋、枝先に緑色の実が鈴なりに垂れます。これが変わった実で、数珠のようにくびれ、グミキャンディーのようにプニプニしていて透明感があるのです。マメ科植物の実は熟すと乾いて弾けるものが多いのですが、エンジュの実は粘液質を含むために熟しても乾かず裂けもしません。

冬を迎えて半乾きになったグミキャンディーは鳥たちに人気のごちそうです。見れば、鳥は実をくわえるとグイッと横に引っ張り、一口サイズにちぎってから飲み込んでいます。なるほど、実のくびれは鳥用の「ミシン目」。食べやすいようにという心遣いだったのですね！（下心はあるけれど。）

未熟な実

落葉広葉樹
虫媒花（雌雄異株）

サンショウ

Zanthoxylum piperitum

family: ミカン科　genera: サンショウ属

熟した実

被食散布・種子（鳥散布）
蒴果、可食部は油脂

小粒でピリッと辛い 赤×黒ツートンカラー

→実は、１つの花から１～３つができますが、２つ１組がもっとも多いケースです。

NO. 72

PROFILE

出身地	日本
住まい	野山の林、庭や畑
誕生月	4～5月
成人時期	9～10月
身長	5㎜（種子） 0.6㎝（実）

食 薬 染
観 遊 他

果皮粉末や若葉はスパイス。若い実や葉は佃煮に。幹はすりこぎに。

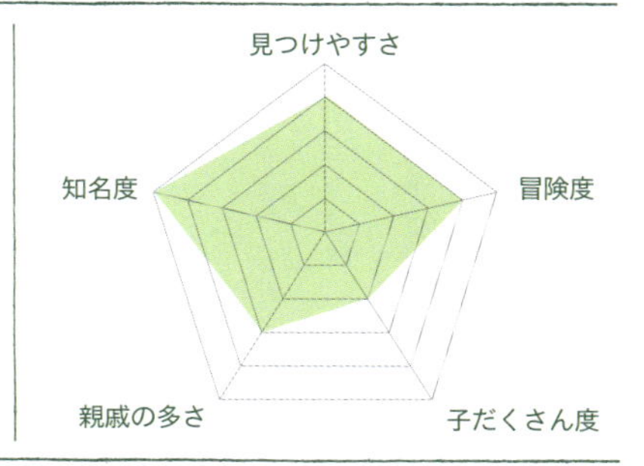
見つけやすさ
冒険度
子だくさん度
親戚の多さ
知名度

←ミカン科の植物で、まだ若い青い実にはミカンのようなブツブツがあります。この若い実を佃煮にしたのが「有馬山椒」。「ちりめん山椒」も定番です。
↓熟した実の皮を粉にしたものが、蒲焼きに欠かせない粉山椒。
パッパッ
ブーン
↑熟すと現れる黒いタネ。表面は油で覆われてピカピカです。この油が鳥のごちそうになります。

サンショウは純国産のスパイスです。香る若葉は日本料理に、熟果の果皮を砕いた「粉山椒」はウナギの蒲焼きに欠かせません。諺の「山椒は小粒でもぴりりと辛い」は緑色の若い実のことで、一粒噛むと独特の強烈な辛味で舌が痺れます。こちらは佃煮や煮物に。

雌雄異株で、雌株に実がつきます。実は長さ約6㎜の楕円形で、1～3個ずつ束になって小ぶりの房に実ります。秋に赤く熟すと果皮は裂け、黒く光るタネが出てきます。赤と黒の色の対比で鳥の目を引こうというわけです。

サンショウのユニークな作戦はここからです。鳥のごちそうは果肉ではなく、タネの表面を薄く覆う油なのです。鳥はタネを飲み込むと高カロリーの油を摂取し、タネ自体は糞に出されます。用済みの実の皮は、拾う神ありで粉山椒になります。

常緑広葉樹（半寄生植物）
虫媒花（雌雄異株）

ヤドリギ

Viscum album

family: ヤドリギ科
（NEO ではビャクダン科）

genera: ヤドリギ属

被食散布・種子（鳥散布）
液果、中に種子は1～2個

樹上にとりつくネバネバうんち作戦

NO. 73

PROFILE

出身地	日本
住まい	林の落葉樹の樹上
誕生月	2～3月
成人時期	12～3月
身長	5mm（種子） 0.8cm（実）
食 薬 染 観 遊 他	実の付いた枝は生花材料、クリスマスの飾り。

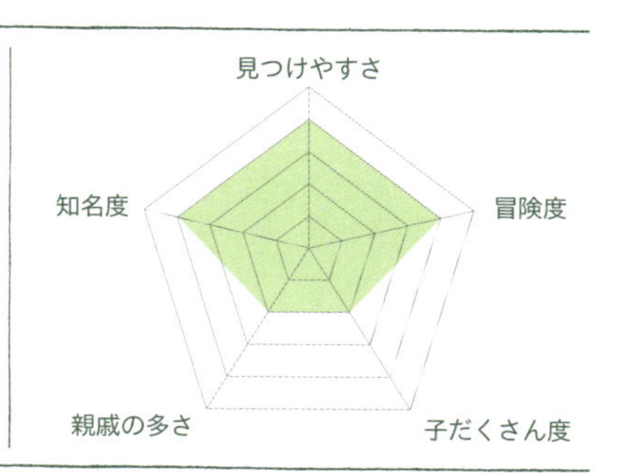
見つけやすさ
冒険度
子だくさん度
親戚の多さ
知名度

↓冬鳥のレンジャクの仲間は、ヤドリギの実を食べて納豆のように粘るうんちを出します。
↘欧米では、クリスマスにヤドリギを飾ります。
CHU!
ヒレンジャク
キレンジャク
←うんちの中にタネが出て、枝にくっつきます。
↑双葉を広げるまでには3年半もかかります。
↑9か月くらいで枝が伸びてきます。
↑3か月ほどで根が出ます。1個のタネから芽が2個出ることもあります。
↑うんちに出たタネは、枝に粘り着くと、そこで寄生を開始します。

冬枯れの梢にかかる謎の球体。正体はヤドリギです。ケヤキやブナなど落葉樹の樹上で育つ半寄生植物で、樹皮の奥へと根を食い込ませて水や養分を横取りし、厚い常緑の葉を広げます。

ヤドリギには雄株と雌株があります。冬になると雌株の枝先には黄色、時に赤い丸い実が宝石のように光ります。

冬鳥のレンジャク類はこの実を好み、連日集まってついばみます。粘性物質を含むため、実を食べると糞も粘り、お尻から納豆のようにタネが垂れ下がります。そうしてタネがうまく枝にくっつくと、そこから根や芽が出て樹上に新しいヤドリギが育つのです。

タネは緑色で、強力な粘着物質に包まれています。双葉を広げぬまま根を伸ばして寄生を開始しますが、最初の葉が開くまでになんと3年半。寄生生活もけっして楽ではないのです。

鳥が好むきれいな実図鑑

鳥は色覚に優れていますが、鼻は鈍感です。そこで鳥に運ばれたい実は、色鮮やかな宣伝で鳥にアピールします。特に赤い色は鳥に効果が高く、黒と組み合わせると抜群です。黒い実の一部は紫外線を吸収し、鳥の目には色がついて見えています。

ヤブヘビイチゴ
モミジイチゴ
マユミ
ヤドリギ
ノイバラ
ゴンズイ

マユミ：ピンクの実が割れて、朱赤のタネをつるす。ヤドリギ：樹上に生える寄生植物。その実は半透明で美しい。ゴンズイ：赤い果皮が裂けて黒い種子が現れる。モミジイチゴ：キイチゴの仲間。実は甘くおいしい。ヤブヘビイチゴ：野原に生えるイチゴの親戚。おいしくはない。ノイバラ：日本の野生バラ。赤い実は宝石のよう。

ノシラン
ヨウシュ
ヤマゴボウ
ノブドウ
クサギ
ムラサキシキブ

ノブドウ：実は色とりどりに熟して鳥を誘うが、人の食用にはならない。ヨウシュヤマゴボウ：黒く熟した実を、赤い軸が引き立てる。ノシラン：リュウノヒゲの仲間で、青い実はやや細長い。クサギ：赤い萼の中心に藍色の実がひとつ。天然のブローチだ。 ムラサキシキブ：比類なく美しい紫色はこの実だけ。

Column 14

「ちょっとだけよ」の法則

タネを広くばらまく植物の知恵

実は色鮮やかに熟して「食べてね」と鳥を誘います。植物は動けませんが、鳥に実を食べさせてタネを糞に出してもらうことで、新しい場所に移動します。

鳥が食べている実を試食してみました。すると、意外なことに、渋かったり苦かったりとまずい実が多いのです。おいしい方がたくさん食べてもらえそうなのに、うーん、不思議。

でも考えてみれば、もしも実がおいしくて鳥がその場で食べ続けたなら、タネもその場にまとめて落とされてしまいます。それでは誘惑した意味がありません。もっと遠くに、もっとあちこちにタネがばらまかれるように、植物はわざと実をまずくして、鳥が一回に食べる量を制限しているのです。「食べてね、でもちょっとだけよ。」というわけです。

ヤマグワやサクラの実のようにおいしい実もありますが、そんな実はきまって一斉には熟さず、少しずつ色を変えて熟します。鳥は色を見分け、熟した分だけ実を食べてタネを少しずつ運びます。ここでも「ちょっとだけよの法則」が成り立っています。

ナンテンの実。実は冬に赤く熟して美しいですが、有毒成分を含んで苦い味がします。ヒヨドリは少しずつ食べ、まだ実が残っていても飛び去ります。

野生のサクラの実は、赤を経て黒く熟すと甘くなります。実は初夏に少しずつ時間をおいて熟し、鳥も少しずつ食べてはタネをあちこちに運びます。

10章

虫さんダネ

mushi san dane

実やタネの中には、小さなアリに頼るものもあります。小さくても力持ちのアリは、ごちそうを目ざとく見つけてくれて運んでいきます。タネにおまけのごちそうをつけたのは、草むらや林の小さな草たちでした。虫が実を食べてタネを運ぶ例も少数ながら知られます。

多年草
虫媒花

キケマン

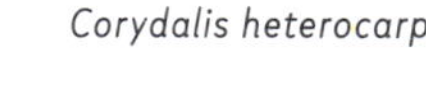

Corydalis heterocarpa

family: ケシ科　genera: キケマン属

アリ散布・種子
蒴果、大きくは開かない

天使の翼はアリのおやつ

ヨッ!!

→タネ本体は表面がブツブツで、無精ひげが生えたみたい。でも、まとっているのは天使の翼。

NO.74

PROFILE

出身地	日本
住まい	野山の草地や道端
誕生月	4～5月
成人時期	5～6月
身長	1.5㎜（種子） 3㎝（実）

食 薬 染 観 遊 他
全体が有毒。花や葉はきれいだが、栽培例はほとんどない。

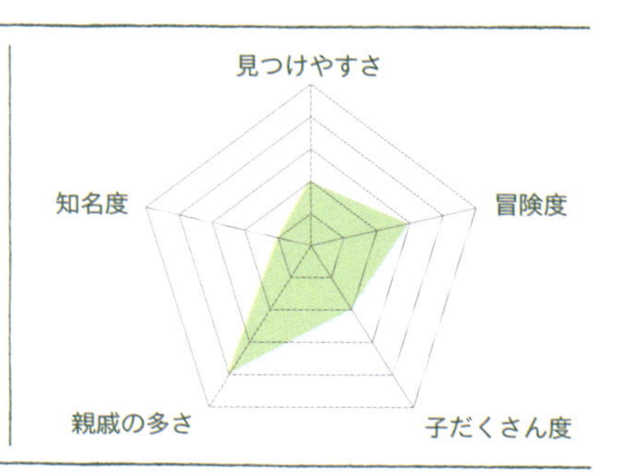
見つけやすさ
冒険度
子だくさん度
親戚の多さ
知名度

ポリポリ

↑この羽根は風に乗るためのものではありません。

↑実は不規則に曲がりくねっています。

うんしょ
うんしょ

↑実は緑のままバラけて散ります。白いエライオソームをつけたタネが地面に散らばると、たちまちアリが寄ってきます。

ムシャムシャ
ポイッ

↑白い翼はアリのためのゼリー菓子。アリに運んでもらう作戦です。

数ある植物のタネの中でも、美人度トップ3にランクインすること間違いなし。野草の小さなタネですが、拡大すると、まるでアールヌーヴォーの作家、ラリックのガラス工芸、透き通った天使の翼を見るようです。

キケマンの葉は繊細に裂けて白っぽく、茎は滑らか。全体に有毒で、ちぎると悪臭のある黄色い汁が出ます（でも食べなければ大丈夫）。

花は横向きにずらりと咲き、散ると不規則に曲がりくねった実になります。熟した実は緑のままバラけて散り、タネを散らします。黒いタネは、アリを誘うゼリー菓子（エライオソーム）のおまけつき。見る間にアリが集まってタネを巣へと運びます。おまけを食べ終わればアリの興味はたちまち失せて、タネは巣のそばの柔らかい地面に捨てられます。

多年草
虫媒花

別名：カタカゴ

カタクリ

Erythronium japonicum

family: ユリ科　genera: カタクリ属

アリ散布・種子
蒴果、上部が３つに裂ける

アリさんマークのソフトクリーム

ピシッ

NO. 75

PROFILE

出身地	日本
住まい	野山の明るい林
誕生月	4～6月
成人時期	5～6月
身長	5㎜（種子） 2㎝（実）

食 薬 染 観 遊 他　庭に植え、実付きの枝は正月飾りや生花の材料。干した茎葉は生薬。

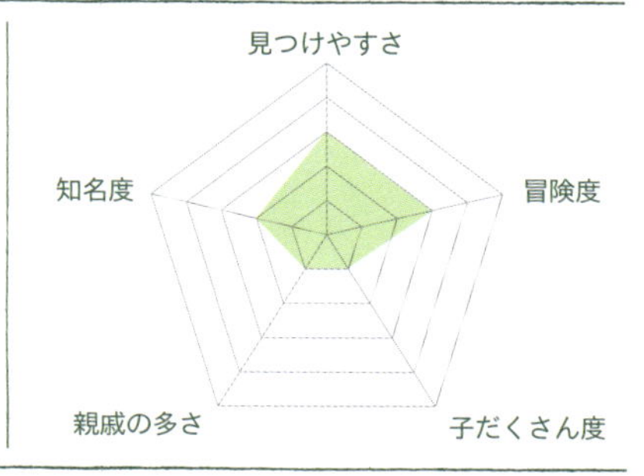
見つけやすさ
冒険度
子だくさん度
親戚の多さ
知名度

↓スプリング・エフェメラルとは、「春の短い命」という意味。早春に現れて、瞬く間に消えていきます。

ヨイショ!!
ヨイショッ!!
ポイッ
グー～

↓タネの本体はポイッと捨てられ、やがて芽を出します。

↑カタクリの成長はゆっくりで、1年目は細い葉がひょろ長く伸びるだけ。

↑アリはカタクリのタネを見つけると巣に運びます。

カタクリは春の妖精のような花です。他に先駆けて葉を広げ花を咲かせたかと思うと、わずか2か月ほどで、球根とタネを残して、姿を消してしまいます。このような生活を送る植物をスプリング・エフェメラルと呼んでいます。

　カタクリの実が熟すのは、草木がぐんぐん成長する季節。薄暗く茂った林の地面では、風にも鳥にもタネを運んでもらえません。カタクリが選んだのは、アリを利用する作戦でした。

　実は熟すと口を開けます。こぼれたタネには白いゼリーの塊が。これが「エライオソーム」、アリが好む脂肪酸や糖を含む、いわばアリ用のおまけです。タネの表面にもアリをひきつける物質があり、アリは夢中で運びます。

　同じくスプリング・エフェメラルのニリンソウやフクジュソウもタネにおまけをつけてアリに運ばせています。

アリさん宅配便

キケマンやスミレのような
「アリ散布種子」は、
春から夏の草花に多く見られます。
タネに糖や脂肪酸を含む
「エライオソーム」と呼ばれる
ゼリーをつけて、
アリに運んでもらうのです。
アリはタネを巣に運びます。
ゼリーを食べ終わると、
タネの本体は柔らかな土の上に
捨ててくれるのです。

ホトケノザ
畑や道端の一年草。春に咲き、閉鎖花もつけます。

ニリンソウ
スプリングエフェメラルの１つ。タネの端にエライオソームがついています。

アオイスミレ
スミレ属ですが、タネを飛ばしません。その代わり、エライオソームは最大です。

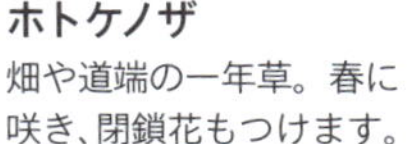

ヒメオドリコソウ
ホトケノザと同属の帰化植物。春に咲きます。

ミヤマエンレイソウ
山の多年草で3枚の葉が扇風機のよう。実は夏に熟します。

スミレ (p.106)
タネは弾け飛んだ後、アリに運ばれます。

タケニグサ
ケシ科の多年草。風に散った実からタネをアリが運びます。

カタクリ (p.212)
タネはもっぱらアリによって運ばれます。

クサノオウ
ケシ科で、黄色い4弁の花を咲かせます。

ムラサキケマン
キケマンの仲間です。実はタネを弾き飛ばします。

イカリソウ
春の雑木林に咲く多年草。実が熟すと、たっぷりのゼリーを乗せたタネが弾け散ります。

多年草（菌寄生植物）
虫媒花

別名：ユウレイタケ

ギンリョウソウ

Monotropastrum humile

family: ツツジ科 | genera: ギンリョウソウ属

被食散布・種子（昆虫散布）
液果、果肉中に微細種子

キノコ！おまえを食う!!

森の白い妖怪のタネは虫の○○の中!?

→真っ白い姿から、別名「幽霊茸」。葉緑素をもたず、一生を菌類に頼って生きる菌寄生植物（菌従属栄養植物、腐生植物）です。

NO. 76

PROFILE

出身地	日本
住まい	野山の薄暗い林
誕生月	5～7月
成人時期	6～8月
身長	0.3㎜（種子） 1～1.5㎝（実）

食 薬 染 観 遊 他
野山に生える姿を観賞するが、栽培はされず、利用もされない。

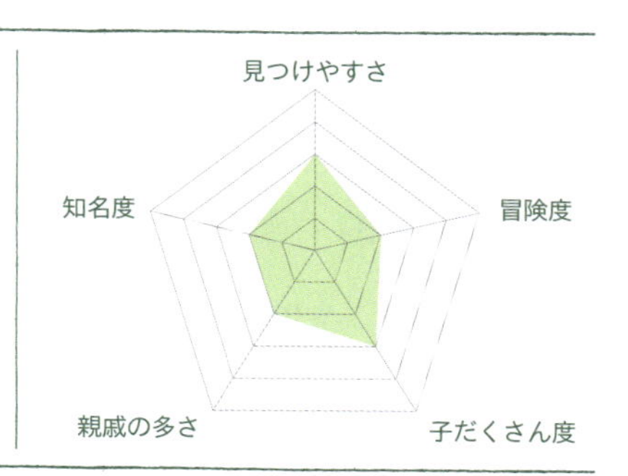

見つけやすさ
冒険度
子だくさん度
親戚の多さ
知名度

→実を切断すると、無数の小さなタネがはんこの文字のように点々と並んでいます。
↓花の黒い柱頭は、実になっても目玉みたいに残ります。
→実を食べるのはカマドウマやモリチャバネゴキブリ。タネはふんに出されます。
オイデ
オイデ
←極小のタネは、ベニタケの菌糸を誘い込んで手をつなぎ、栄養をもらって育ちます。ベニタケは森の木々とも仲よく手をつないでいて、その栄養がギンリョウソウにも回ってきます。

薄暗い森の地面に、全体が純白の不思議なモノがぬーっと立っています。あれはキノコ？　それとも森の精霊？

ギンリョウソウは不思議な植物です。葉緑素を持たず光合成もせず、キノコに寄生して菌糸から栄養を奪って生きています。地下に菌類を取り込んだ根の塊と地下茎があり、初夏には繁殖のために花が地上に伸びてきます。

花はマルハナバチが授粉して結実し、夏に熟します。実は白く、径１㎝ほどの球形で上を向き、中心に柱頭の痕跡が黒く丸く残っています。あれ、どこかで見たような。あ、目玉のおやじ！

実の白いジューシーな果肉の間には微細なタネが多数すじ状に入っています。とてもレアな昆虫被食散布種子で、カマドウマやモリチャバネゴキブリが実を食べてタネを運びます。

Column 15

誰が食べるの？
サイカチの大きな実の謎

トゲのある枝に下がるサイカチの実。「食べ頃」の９月中下旬には、ほんのり甘くなります。

サイカチのタネと、ゾウムシに食害された実。

人　里近くの水辺でまれに大木が見られるサイカチは、幹や枝に大きなとげをもつマメ科の木です。秋には長さ25cmもある、平たくうねった実が枝に垂れます。この実は発泡成分のサポニンを含み、昔の人は水に浸して洗濯に用いました。サイカチの水辺は、昔は人々の共同洗濯場だったのでしょう。

　サイカチの実は熟しても裂けず、色づきもせず、風にも飛ばず、水流で運ばれもしません。多くはそのまま朽ちます。タネは小粒で硬く、実の大半の部分は果肉です。こうした特徴は、この実が被食散布型であることを示唆しています。事実、褐変する前の柔らかい実の果肉は、かじると甘い味がします。現在この実を食べる動物はいませんが、過去にはいたはずです。私はそれがゾウの仲間だったと考えています。日本にもたかだか2万年ほど前まではナウマンゾウがいたのです。

　アフリカにはゾウが食べて種子を排泄するマメ科の大きな実があります。これがサイカチによく似ていて、枝に大きなトゲがあり、タネが小さく

ムクロジの枝先。たわわに実っても自然界における利用者は……？

タネは羽根つきの玉に使われます。

ムクロジの実とタネ。果皮はサポニンを含み、昔は洗濯に用いられました。

中国渡来のソシンロウバイの実も謎。初夏に熟しますが、鳥も動物も食べません。

ジャケツイバラの花と実。秋に熟した実は、そのまま春まで枝に残って朽ち果てます。

実が大きいのです。もうひとつ興味深い共通点は、どちらの実にも種子を食害する特異的なゾウムシがいることです。アフリカでは、ゾウが実を食べると強酸性の胃液によってゾウムシの卵や幼虫が駆虫され、糞に出たタネは肥料も加わってよく育ちます。でもゾウが食べないと実のタネはゾウムシにやられてしまうのだそうです。

ゾウが日本から滅びた後は、サイカチは人の手によって水辺に継承されてきました。しかし現在、野山に若木はまず見られません。洗濯の用途も失われた今、残る大木も切られたり倒れたりして、いずれは消えていくのでしょう。

同じくマメ科のジャケツイバラの長さ10cmもある実も、枝でそのまま朽ちます。枝のトゲはサイカチと共通です。これも本来はゾウ散布だった可能性が高い実です。タネを羽根つきの玉に使うムクロジも、サポニンを含む地味で厚い果皮に硬い種子が入っていて、熟しても裂けないことからほ乳類による被食散布型であるとみられますが、現在はタネを運ぶ動物が見当たりません。

おわりに

この本で取り上げたのは、庭や道端、公園、行楽地などで、ふつうに見たり触れたりできるタネたちです。見かけたら、足を止め、手を伸ばして、タネたちの工夫や知恵をぜひ体感してみてください。

旅を終えたタネたちのその後も、どうぞ見守ってください。この本ではあまり取り上げなかった根や茎、葉や花にも、工夫や知恵がたくさんあります。無事に育って花や実、タネが見られたらきっと嬉しいはず！

最後に、イラストレーターの柴垣茂之さんは、タネや植物の特徴をとらえた上で、タネたちの個性を存分に引き出したイラストを描いてくださいました。フラワーエコロジストの田中肇さんには一部の写真をご提供いただきました。編集者の山田智子さん、安延尚文さん、デザイナーの工藤亜矢子さん、伊藤悠さん、そして誠文堂新光社の根岸秀さんにはたいへんお世話になりました。この場を借りて皆様に厚くお礼申し上げます。

２０１７年７月　多田多恵子

参考文献

『種子たちの知恵』多田多恵子／ NHK 出版

『里山の花木ハンドブック』多田多恵子／ NHK 出版

『身近な草木の実とタネハンドブック』多田多恵子／文一総合出版

『原寸で楽しむ 身近な木の実・タネ 図鑑&採集ガイド』多田多恵子／実業之日本社

『植物の生態図鑑（大自然のふしぎ）』多田多恵子・田中肇／学研

『小学館の図鑑 NEO 花』多田多恵子／小学館

『種子はひろがる』中西弘樹／平凡社

『花・鳥・虫のしがらみ進化論』上田恵介／築地書館

『種子散布一助けあいの進化論〈1〉鳥が運ぶ種子』上田恵介／築地書館

『種子散布一助けあいの進化論〈2〉動物たちがつくる森 』上田恵介／築地書館

『タネはどこからきたか？』鷲谷いづみ・埴沙萠／山と渓谷社

『野に咲く花 増補改訂新版』平野隆久・畔上能力・林弥栄・門田裕一／山と渓谷社

『山に咲く花 増補改訂新版』門田裕一・永田芳男・畔上能力／山と渓谷社

『写真で見る植物用語』岩瀬徹・大野啓一／全国農村教育協会

『花からたねへ』小林正明／全国農村教育協会

『種子のデザイン 旅するかたち』岡本素治／ INAX 出版

『たねのずかん一とぶ・はじける・くっつく』古矢 一穂・高森 登志夫／福音館書店

『図説・植物用語事典』清水建美／八坂書房

索引

著者　多田多恵子（ただたえこ）

東京都生まれ。東京大学大学院博士課程修了、理学博士。現在、立教大学・東京農業大学・国際基督教大学非常勤講師。植物の繁殖戦略、虫や動物との相互関係などをワクワク調べて楽しみ、一般向けに観察会も開いている。著書に『種子たちの知恵（日本放送出版協会）』、『身近な草木の実とタネハンドブック（文一総合出版）』、『原寸で楽しむ　身近な木の実・タネ　図鑑＆採集ガイド』（実業之日本社）など多数。

デザイン　工藤亜矢子（OKAPPA DESIGN）
イラスト　柴垣茂之（MARUTAMA STUDIO）
編集協力　山田智子・安延尚文・宮本いくこ
写真協力　田中肇

個性派植物たちの知恵と工夫がよくわかる
実とタネ キャラクター図鑑

2017年8月10日　発　行　NDC471

著　者　多田多恵子
発行者　小川雄一
発行所　株式会社 誠文堂新光社
〒113-0033　東京都文京区本郷3-3-11
（編集）電話03-5805-7765
（販売）電話03-5800-5780
http://www.seibundo-shinkosha.net/
印刷所　株式会社 大熊整美堂
製本所　和光堂 株式会社

ISBN978-4-416-61649-9